21世纪高职高专建筑设计专业技能型规划教材

# 园林植物识别与应用


主　编　潘　利　姚　军

副主编　张　峰　郭宇珍　赵　霞

参　编　王　政　姚一麟　唐艳平

司马金桃　龙黎黎

## 内容简介

本书反映国内外园林植物的最新动态，结合大量图片和案例，系统地阐述了常见园林植物的识别与应用，包括乔木类、灌木类、藤本类、草坪地被植物、水生植物等的识别、应用形式和综合应用。

本书采用全新体例编写，除附有大量工程案例外，还增加了知识点滴、特别提示及知识链接等模块。此外，每章还附有简答题、名词解释及实训等多种题型供读者练习。通过对本书的学习，读者可以识别常见园林植物，掌握其生态习性、观赏特性和园林用途，具备园林植物造景能力。

本书既可作为高职高专院校园林、环境艺术设计类相关专业的教材和指导书，也可作为园林、环境艺术设计类各专业职业资格考试的培训教材，还可为备考从业和执业资格考试人员提供参考。

**图书在版编目(CIP)数据**

园林植物识别与应用 / 潘利，姚军主编．—北京：北京大学出版社，2012.9

(21世纪高职高专建筑设计专业技能型规划教材)

ISBN 978-7-301-17485-2

Ⅰ.①园… Ⅱ.①潘… ②姚… Ⅲ.①园林植物—识别—高等职业教育—教材 Ⅳ.①S688

中国版本图书馆 CIP 数据核字(2012)第205702号

**书　　名：园林植物识别与应用**

**著作责任者：**潘　利　姚　军　主编

**策 划 编 辑：**王红樱

**责 任 编 辑：**翟　源

**标 准 书 号：**ISBN 978-7-301-17485-2/TU · 0271

**出　版　者：**北京大学出版社

**地　　址：**北京市海淀区成府路 205 号　100871

**网　　址：**http://www.pup.cn　http://www.pup6.cn

**电　　话：**邮购部 010-62752015　发行部 010-62750672　编辑部 010-62750667

**电 子 邮 箱：**编辑部 pup6@pup.cn　总编室 zpup@pup.cn

**印　刷　者：**三河市北燕印装有限公司

**发　行　者：**北京大学出版社

**经　销　者：**新华书店

787mm × 1092mm　16 开本　17印张　390千字

2012 年9月第1版　2023 年9月第4次印刷

**定　　价：**34.00元

---

# 前　言

本书为北京大学出版社“21世纪全国高职高专建筑设计专业技能型规划教材”之一。为适应21世纪职业技术教育发展需要，培养园林景观行业具备园林植物识别与应用的专业技术的管理应用型人才，我们结合当前园林植物的前沿问题编写了本书。

本书内容共分7章，主要包括园林植物概论，乔木类、灌木类、藤本植物、草坪及地被植物、水生植物和园林植物造景。

本书内容可按照48～82学时安排，推荐学时分配：第1章4～8学时，第2章10～16学时，第3章8～14学时，第4章6～8学时，第5章8～12学时，第6章6～8学时，第7章6～16学时。教师可根据不同的使用专业灵活安排学时，课堂重点讲解每章主要知识模块，章节中的知识点滴、应用案例和习题等模块可安排学生课后阅读和练习。如专业已经设置了“花卉学”课程，可以选学第6章。

本书突破了已有相关教材的知识框架，注重理论与实践相结合，采用全新体例编写，内容丰富，案例翔实，并附有多种类型的习题供读者选用。

本书既可作为高职高专院校园林、环境艺术设计类相关专业的教材和指导书，也可作为园林、环境艺术设计类各专业职业资格考试的培训教材。

本书由湖北城市建设职业技术学院潘利、武汉市园林科学研究所姚军担任主编，湖北城市建设职业技术学院张峰、郭宇珍、赵霞担任副主编，全书由湖北城市建设职业技术学院潘利负责统稿。本书具体章节编写分工为：潘利编写第1章、姚军编写第2章，郭宇珍编写第3章，河南农业大学王政编写第4章，赵霞编写第5章，棕榈园林股份有限公司上海分公司姚一麟和潘利共同编写第6章，潘利和张峰共同编写第7章，湖北城市建设职业技术学院司马金桃、龙黎黎及武汉生物工程学院唐艳平也参与了本书的编写工作。北京市园林科学研究所教授级高工韩丽莉为本书的编写提供了部分工程实例，北京市颐和园管理处赵晓燕高级工程师为本书提供了部分图片资料，在此表示诚挚的谢意！

本书在编写过程中，参考和引用了大量国内外文献资料，其中部分图片和文字是引自中国植物主题数据库（http://www.plant.csdb.cn/）和中国数字植物标本馆（http://www.cvh.org.cn/cms/），在此谨向原作者表示衷心感谢。同时，还要感谢北京大学出版社的大力支持和诸位编辑的辛苦努力。

由于编者水平有限，本书难免存在不足和疏漏之处，敬请各位读者批评指正。

编　者

2012年3月

# 目　录

# 第1章 园林植物概论

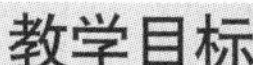


通过对园林植物功能、分类、配置的学习，了解园林植物的生态、美学、空间、经济功能，自然分类系统；掌握园林植物按照生长特性、观赏、用途和生长习性分类。

## 教学要求

| 能力目标 | 知识要点 | 权重 |
| --- | --- | --- |
| 理解园林植物的生态功能 | 改善空气等 | 10% |
| 理解园林植物的美学功能 | 叶色、果、干、形美 | 20% |
| 掌握园林植物组织空间功能 | 开敞、封闭空间等 | 15% |
| 了解园林植物的经济功能 | 园林植物的经济功能 | 10% |
| 了解园林植物的自然分类系统 | 植物命名、常见的分类系统 | 15% |
| 掌握园林植物常见的人为分类系统 | 生长特性、观赏特性、生长习性分类 | 30% |

## 章节导读

园林植物是指园林建设中所需的一切植物材料，包括木本植物和草本植物，主要在城乡各类园林绿地、风景名胜区、疗养胜地及森林公园等建设中应用，室内绿化植物也属于园林植物。

图1.1　竹子

我国被誉为“世界园林之母”，是园林植物重要的发源地之一，园林植物丰富，种类繁多，栽培历史悠久。近些年，每年都培育出不同的植物种类，为园林建设起到重要作用。如图1.1～图1.5所示都是中国传统的植物。

图1.2　桂花

图1.3　紫薇

图1.4　梅花

图1.5　木芙蓉

## 知识点滴：形形色色的植物

植物是生命的主要形态之一，包含了如树木、灌木、藤类、青草、蕨类、地衣及绿藻等熟悉的生物。种子植物、苔藓植物、蕨类植物和拟蕨类植物等植物中，据估计现存大约有350000个物种。直至2004年，其中的287655个物种已被确认，有258650种开花植物、15000种苔藓植物。绿色植物大部分的能源是经由光合作用从太阳光中得到的。

典型的种子植物具有根、茎、叶、花、果、实6大器官，执行着不同的生理功能。其中根、茎、叶执行着养料、水分的吸收、运输、转化、合成，担负着植物体的营养生长，称为营养器官。而花、果实、种子与植物产生后代有关，具有保持种族延续的功能，称为繁殖器官。这些器官有机地结合为一个整体，共同完成植物的新陈代谢及生长发育过程。

植物形形色色的外部形态主要是由茎、叶、花、果实不同的形态构成的，下面就此进行详细阐述。

1.茎

植物的茎是植物重要的支持和输送器官，同时也决定植物的外部形态。从茎的质地上看，有木质和草质之分，木质茎的植物称为木本植物；草质茎的植物，称为草本植物。木本植物茎内木质部发达，茎干支持力量强，植物往往长得十分高大，植物死亡后茎干仍然直立。草本植物茎内木质部不发达，茎干支持力量弱，植株矮小，植物死亡后茎干多倒伏。裸子植物只有木质茎，双子叶植物有木质茎，也有草质茎。草质茎一般柔软，绿色，寿命较短，绝大多数一年生草本植物都是草质茎。木质茎出现较早，坚硬而粗大，寿命较长，有的可达上千年。幼树的木质茎，含有叶绿素，能进行光合作用，当茎增大形成周皮，光合作用的能力就消失。随着树龄增大，木质特征越来越明显。

(1)茎的类型。不同植物的茎在长期的进化过程中，有各自的生长习性，以适应外界环境，使叶在空间充分展开，尽可能地充分接受日光照射，制造自己需要的营养物质，并完成繁殖后代的生理功能，由此产生了以下4种主要的生长方式。

①直立茎。茎背地而生，直立。大多数植物的茎是这样的。

②缠绕茎。茎幼时较柔软，不能直立，以茎本身缠绕于其他支柱上升，如忍冬、牵牛花。

③攀缘茎。茎较柔软，不能直立，以特有的结构攀援它物上升。有缠绕茎和攀缘茎的植物，统称藤本植物。

④匍匐茎。茎细长柔软，沿着地面蔓延生长，一般节间较长。如铺地柏、旱金莲、狗牙根草等。

(2)茎的分枝。茎的分枝是普遍现象，能够形成植物开阔的外部形态。

①单轴分枝。如图1.6所示植物在生长过程中，主茎的顶芽活动始终占优势，不断向上生长形成主轴，侧芽发育形成侧枝，侧枝又以同样的方式形成次级侧枝，但主轴的生长明显，并占绝对优势，因而形成发达而通直的主茎。这种分枝方式叫单轴分枝。裸子植物和一些被子植物如松、杉、柏类，杨树类、山毛榉类均属于这种分枝方式。这种分枝方式的树材高大通直，适于行道树的种植。

②合轴分枝。如图1.7所示植物在生长过程中，没有明显的顶端优势，顶芽只活动很短的一段时间后便死亡，或生长极为缓慢，或转变为花芽，紧邻下方的腋芽开放长成侧枝，代替原来的主轴向上生长。生长一段时间后，侧枝的顶芽同样地被下方的腋芽所取代，如此反复，这种分枝方式叫合轴分枝。合轴分枝使树冠呈开展形，比较适合庭荫树的种植。

③假二叉分枝。如图1.8所示叶对生的植株，顶端很早停止生长，成为两个，开花以后，顶芽下面的两个侧芽同时迅速发育成两个侧枝，很像是两个叉状的分枝，称为假二叉分枝。这种分枝，实际上是合轴分枝的变型，与真正的二叉分枝有根本区别。假二叉分枝多见于被子植物木犀科、石竹科。

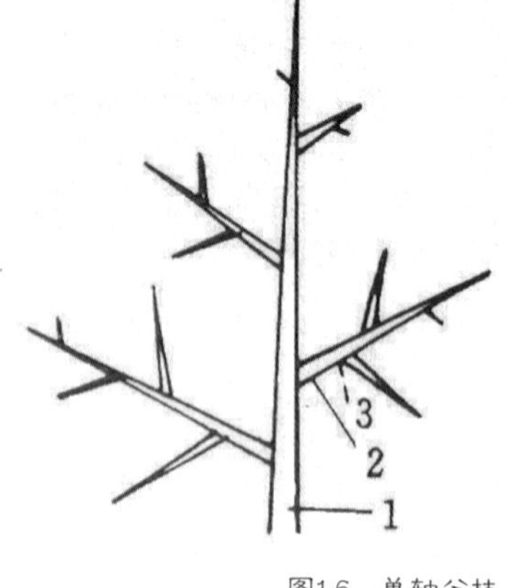


图1.6　单轴分枝

图1.7　合轴分枝

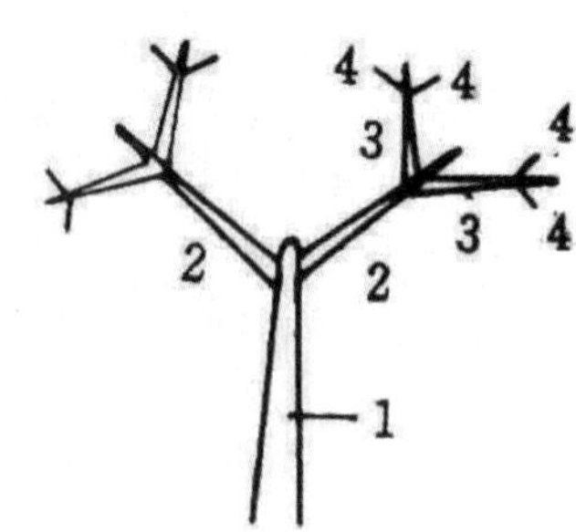


图1.8　假二叉分枝

2．叶

植物的叶片是植物进行光合作用的重要器官，也是具有观赏价值的外部形态。树叶类型包括树叶的形状和持续性，并与植物的色彩在某种程度上有关系。在温带地区，基本的树叶类型有三种：落叶型、针叶常绿型和阔叶常绿型。每一种类型各有其特性，在景观园林设计中，也各有其相关的功能。

(1)叶形。是指叶片的外形或基本轮廓。叶形主要根据叶片的长度与宽度的比例以及最宽处的位置来确定。常见的叶形有针形、披针形、倒披针形、条形、剑形、圆形、矩圆形、椭圆形、卵形、倒卵形、匙形、扇形、镰形、心形、倒心形、肾形、提琴形、盾形、箭头形、戟形、菱形、三角形、鳞形等。

(2)叶脉。叶片上的粗细不等的脉络，叫做叶脉。

①网状脉。如图1.9所示由主脉分出更多的支脉，支脉上再分出更多的小脉，各支脉与小脉相互联结成网。网状脉序是多数双子叶植物的叶脉类型。

②平行脉。如图1.10所示是各条叶脉近于平行排列，主脉与侧脉间有细脉相连，平行叶脉是单子叶植物叶脉的特征。

③叉状脉。如图1.11所示叶脉作二叉分枝，并可有多级分枝，如银杏。叉状脉序是一种比较原始的脉序，此种脉序在蕨类植物中较为普遍，而在种子植物中少见。

图1.9 网状脉

图1.10 平行脉

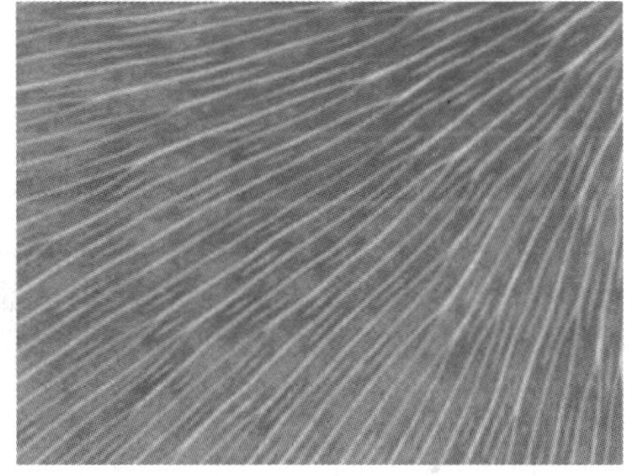

图1.11 叉状脉

(3)叶序。在茎上排列的方式称为叶序。植物体通过一定的叶序，使叶均匀地、适合地排列，充分地接受阳光，有利于光合作用的进行。主要有以下几种类型。

①互生。在茎枝的每个节上交互着生一片叶，称为互生，如樟、向日葵。叶通常在茎上呈螺旋状分布，因此，这种叶序又称为旋生叶序。

②对生。在茎枝的每个节上相对地着生两片叶，称为对生，如女贞、石竹。有的对生叶序的每节上，两片叶排列于茎的两侧，称为两列对生，如水杉。茎枝上着生的上、下对生叶错开一定的角度而展开，通常交叉排列成直角，称为交互对生，如女贞。

③轮生。在茎枝的每个节上着生三片或三片以上的叶，称为轮生。例如夹竹桃为三叶轮生，百部为四叶轮生，七叶一枝花为5～11叶轮生。

④簇生。2片或2片以上的叶着生在节间极度缩短的茎上，称为簇生。例如，马尾松是2针一束，白皮松是3针一束，银杏、雪松多枚叶片簇生。

3. 花

花是植物重要的生殖器官，植物的花形和花色可能是其最重要的观赏特性了，植物的花序和花相直接影响花木形态、色彩感受。

(1)花序。被子植物的花，有的是单独一朵生在茎枝顶上或叶腋部位，称单顶花或单生花，如玉兰、牡丹、芍药、莲、桃等；但大多数植物的花，密集或稀疏地按一定排列顺序，着生在特殊的总花柄上。花在总花柄上有规律的排列方式，称花序，常见的花序如图1.12所示。

(a)单生 (b)总状花序 (c)穗状花序 (d)伞房花序 (e)伞形花序 (f)头状花序 (g)圆锥花序 (h)单聚散花序

图1.12 常见的花序

(2)花相。花或花序着生在树冠上的整体表现形貌。花相从树木开花时有无叶簇的存在而言，可分为两种形式：纯式和衬式。纯式指在开花时，叶片尚未展开，全树只见花不见叶的一类；衬式是指植物在展叶后开花，全树花叶相衬。现将植物的不同花相分述如下。

①独生花相。本类较少、形较奇特，例如苏铁类，如图1.13所示。

图1.13 独生花相

②线条花相。花排列于小枝上，形成长条形的花枝，如图1.14所示。由于枝条生长习性不同，有呈拱状花枝的，有呈直立剑状的等。如呈纯式线条花相者有连翘、金钟花等；呈衬式线条花相者有珍珠绣球等。

③星散花相。花朵或花序数量较少，且散布于全树冠各部，如图1.15所示。衬式星散花相的外貌是在绿色的树冠底色上，零星散布着一些花朵，有丽而不艳、秀而不媚之效，如珍珠梅、鹅掌楸、白兰等。纯式星散花相种类较多，花数量少而分布稀疏，花感不烈，但亦疏落有致。若于其后能植有绿树背景，则可形成与衬式花相相似的观赏效果。

图1.14 线条花相

④团簇花相。花朵或花序体量大而花多，就全树而言，花感较强烈，但每朵或每个花序的花簇仍能充分表现其特色，如图1.16所示。呈纯式团簇花相的有玉兰、木兰等；属衬式团簇花相的有木本绣球。

图1.15　星散花相

图1.16　团簇花相

⑤覆被花相。花或花序着生于树冠的表层，形成覆伞状，如图1.17所示。属于本花相的树种，纯式有绒叶泡桐、泡桐等；衬式有广玉兰、七叶树、栗树等。

图1.17　覆被花相

⑥密满花相。花或花序密生全树各小枝上，使树冠形成一个整体的大花团，花感最为强烈，如图1.18所示。纯式如榆叶梅、毛樱桃等；衬式如火棘等。

⑦干生花相。花着生于茎干上形成干生花相，如图1.19所示。此种植物不多，大抵均产于热带湿润地区，例如槟榔、椰枣、鱼尾葵、山槟榔、木菠萝、可可等。

图1.18　密满花相

图1.19　干生花相

4. 果实

许多植物的果实不仅有很高的经济价值，而且有观赏意义。选择观赏树种，一般要注意形与色两方面。果实的形状以奇、巨、丰为准。所谓“奇”是指形状奇特有趣，如佛手的果实形如佛手，槐树的果实好比串珠。所谓“巨”是指单体之果形较大，如柚子；或果呈小，但聚成果穗较大，如葡萄、女贞等。所谓"丰"是指单果或果穗在树冠上具有浓郁的观赏效果，呈现繁茂丰盛，果实的色彩鲜艳夺目，观赏意义更大。主要可分为红色果实和黄色果实两大类，前者如珊瑚树、南天竹、橘、柿、石榴、火棘、枸杞、冬青、拘骨、杨梅、花红、山楂等；后者如杏、枇杷、金橘等；选择观赏植物，以果实不易脱落浆汁较少者为好。

## 1.1 园林植物在园林景观中的作用

### 引例

让我们来看看以下现象：

(1) 夏天有植被的路面温度比没有植被的路面温度低，请分析这种现象。

(2) 新闻报道，一个犯心脏病的老人在清晨锻炼时晕倒， 请分析这种现象。

(3) 有人送给朋友一盆夹竹桃，此人放置在卧室，不久引起老婆流产。请分析这种现象。

(4) 在城市绿化中，前些年提倡种植大面积草坪，但现在强调乔灌草的配比使用。请分析这种变化的原因。

### 1.1.1 园林植物的生态作用

#### 1. 调节气候

园林植物是城市的"空调器"。园林植物通过对太阳辐射的吸收、反射和透射作用以及水分的蒸腾来调节小气候，降低温度，增加湿度，减轻"城市热岛效应"，降低风速，在无风时还可以引起对流，产生微风。冬季因为降低风速的关系，又能提高地面温度。在市区内，由于楼房、庭院、沥青路面等所占比重大，园林植物形成一个特殊的人工下垫面，对热量辐射、气温、空气湿度都有很大影响。

1) 调节温度，改善小气候

植物的树冠能将太阳光反射20%～25%，吸收太阳辐射的30%，同时蒸腾水分又吸收一部分热量。起到改善小环境气温的作用。不同树种降温效果不一样，这决定于树冠大小和树叶疏密度及叶片的质地。树木调节温度的作用得到许多实验研究所证明。如：吴翼在安徽合肥市的实验结果，表明不同树种降温的差异见表1-1。

表1-1 常用行道树遮荫效果比较

| 树种 | 阳光下温度/℃ | 树荫下温度/℃ | 温差/℃ |
|---|---|---|---|
| 银杏 | 40.2 | 35.3 | 4.9 |
| 刺槐 | 40.0 | 35.5 | 4.5 |
| 枫杨 | 40.4 | 36.0 | 4.4 |
| 悬铃木 | 40.0 | 35.7 | 4.3 |

续表

| 树种 | 阳光下温度/℃ | 树荫下温度/℃ | 温差/℃ |
| --- | --- | --- | --- |
| 白榆 | 41.3 | 37.2 | 4.1 |
| 合欢 | 40.5 | 36.6 | 3.9 |
| 加杨 | 39.4 | 35.8 | 3.6 |
| 臭椿 | 40.3 | 36.8 | 3.5 |
| 小叶杨 | 40.3 | 36.8 | 3.5 |
| 楝树 | 40.2 | 36.8 | 3.4 |
| 梧桐 | 41.1 | 37.9 | 3.2 |
| 旱柳 | 38.2 | 35.4 | 2.8 |
| 垂柳 | 37.9 | 35.6 | 2.3 |

比较结果：前几种树的遮荫降温效果最好，后几种效果差。遮荫效果与树种“荫质”(即树冠密、叶面大而不透明的荫质)优劣、荫幅大小成正比。

**特别提示**

引例（1）的解答：夏季人们在树荫下和在阳光直射下感觉是有很大差异的。夏季人们在树荫下会感到凉爽。这是由于树木茂密的树冠绿叶能遮拦阳光、吸收太阳的辐射热，因而降低了小环境内的气温。

单棵树和成片树降温效果不同，成片种植时，不仅使林内温度降低而且可影响到林外环境(当林内温度低时和林外形成气温差从而有对流的微风，即林外的热空气上升而由林内冷空气补充，这样林外气温也低)。

在冬季落叶后，由于树枝、树干的受热面积比无树地区的受热面积大，同时由于无树地区的空气流动大，散热快，所以在树木较多的小环境中，其气温比空旷地高。总之，树木对小环境起到冬暖夏凉的作用。当然，树木在冬季的增温效果是远远不如夏季的降温效果具有实践意义。

2) 改善空气湿度

树木像一台台巨大的抽水机，它不断地把土壤中的水分吸收进树体内，再通过叶片的蒸腾作用把根所吸收水分的绝大多数以水汽的形式扩散到大气间，因而改善、调节了空气中的相对湿度。

种植树木对改善小环境内的空气湿度有很大作用。树木在个体发育过程中，从土壤吸收水分，例如，一般桉树一年从土壤中吸收水4000kg，其中95%的水分通过蒸腾扩散到空气中，这样增加的湿度比空旷地高20倍。一棵树木整个夏季蒸腾的水分比同面积大的水面蒸发量大的多。所以，大量种植树木可以增加空气的湿度。

不同的树种具有不同的蒸腾能力。选择蒸腾能力较强的树种对提高空气湿度有明显作用。但在过湿地区，多种树木通过蒸腾可降低地下水位。

## 2. 净化空气

1) 吸收$CO_2$放出$O_2$

一般空气中$CO_2$含量0.03%， $O_2$ 21%。而在城市中$CO_2$升高$O_2$下降，$CO_2$浓度可达500～700ppm。局部地方尚高于此数。从卫生角度而言，当$CO_2$浓度达500ppm时，人的呼吸就会感到不舒服。如果$CO_2$浓度达到2000～6000ppm时，就会有明显的症状，通常是头疼、血压、呕吐增高、脉搏过缓。而浓度达10%以上则会造成死亡。

**特别提示**

引例（2）的解答：人们在清晨锻炼身体会晕倒，是因为下午光合作用减弱，$CO_2$浓度不再降低。晚上$CO_2$浓度积累，到日出前$CO_2$浓度最大，$O_2$浓度最低，人呼吸困难。所以锻炼身体最好的时间是空气$CO_2$浓度最低的时候，即早上日出后到中午。

植物是环境中$CO_2$和$O_2$的调节器。在光合作用中每吸收44g $CO_2$可放出32g $O_2$。虽然植物也进行呼吸作用，但在日间有光合作用放出的$O_2$要比呼吸作用所消耗$O_2$量大20倍。10000$m^2$阔叶林每天吸收1吨$CO_2$放出0.73吨$O_2$。而体重为75 kg的成年人，每天呼吸$O_2$需量为0.75kg，排出$CO_2$量为0.9kg。所以每人若有10$m^2$的树林即可满足呼吸氧气的需要。生长良好的草坪，每1$m^2$每小时可吸收$CO_2$ 1.5g，即约合10000$m^2$吸收15kg。而每人每小时呼出37.5g $CO_2$，所以每人有50$m^2$草坪可以满足呼吸的平衡。若以公园绿地而言，因为不完全是树林，所以根据1966年德国在柏林中心公园所作的实验的结果得知，每个居民需要绿地面积30～40$m^2$才能满足呼吸的需要。1982年2月城建总局在全国城市绿化工作会议上对园林绿化的规划指标提出如下要求：凡有条件的城市，绿化覆盖率近期应达到30%，21世纪末达到50%；每人平均公共绿地面积近期应达到3～5$m^2$，达到7～11$m^2$。

**知识链接：园林绿化的规划指标**

园林绿化的规划指标是指国家对园林绿化进行衡量对经济指标，主要包括绿地率、建筑密度、容积率、总用地面积、规划用地面积、建筑基地面积、道路面积、建筑面积和平均层数。

绿化覆盖率。是指在建设用地范围内全部绿化种植物水平投影面积之和与建设用地面积的比率(%)。

2) 吸收有毒气体

由于环境污染，空气中各种有害气体增多，主要有$SO_2$、$Cl_2$、HF、$NH_3$、Hg、Pb蒸气等，尤其是$SO_2$是大气污染的“元凶”，在空气中数量最多，分布最广，危害最大。园林植物是最大的“空气净化器”，城市绿化植物的叶片能够吸收$SO_2$、HF、$Cl_2$等有多种害气体或富集于体内而减少空气中的毒物量。

特别提示

常见的抗污染树种如下。

①抗$SO_2$的植物。臭椿、刺槐、榆树、樟树、棕榈、珊瑚树、女贞、夹竹桃、蚊母树、金鱼草、美人蕉、鸡冠花、凤仙花等。

②抗HF的植物。圆柏、银杏、悬铃木、臭椿、大叶黄杨、泡桐、槐树、丁香、金银花、连翘、天竺葵、万寿菊、紫茉莉、大丽花、一品红等。

③抗$Cl_2$及氯化氢的植物。构树、榆树、黄檗、接骨木、木槿、紫荆、杠柳、紫穗槐、紫藤、地锦等。

④抗Pb。悬铃木、石榴、刺槐、女贞、大叶黄杨等。

⑤抗Hg。夹竹桃、棕榈、樱花、桑、大叶黄杨、八仙花等

⑥抗光化学烟雾的植物。银杏、柳杉、樟树、日本扁柏、黑松、夹竹桃、海桐、海州常山、紫穗槐等。

3) 阻滞烟尘

在城市居民区和厂矿区的空气中，除了有害气体外，尚含有大量的微尘，常可导致人们发生眼病、皮肤病或呼吸道病。树木的枝叶对于空气中的尘埃可以产生阻滞的作用，使之吸附于树上，以后被雨水冲走。不同树种的滞尘能力不同。凡树冠浓密、叶面粗糙或多毛树种多有较强的滞尘力。如：构树、榆树、朴树、木槿、刺楸等。

4) 放出杀菌素

城镇闹市区空气里的细菌数比公园绿地中多7倍以上。公园绿地中细菌少的原因之一是由于很多植物能分泌杀菌素。如：桉树、肉桂、柠檬等树木体内含有芳香油，具有杀菌力。还有黑核桃、桉类、悬铃木、紫薇、柑橘类等，多可放射出杀菌素。各类林地的减菌作用不一样，松树林、柏树林及樟树林减菌能力强，可能与它们的叶子能散发某些挥发性物质有关。

特别提示

引例（3）的解答：因为夹竹桃在室内释放了有毒物质，导致孕妇流产。因此这种能释放有毒气体的植物在使用过程中要引起强烈注意，不宜种植在室内或小孩活动场所。

### 3. 减弱噪声

城市随着人口的增多与工业的发展，机器轰鸣、交通噪声、生活噪声对人产生很大的危害。城市噪声污染已成为干扰人类正常生活的一个突出的热点问题，它与大气污染、水质污染并列为当今世界城市环境污染的三大公害。噪声，不仅使人烦燥，影响智力，降低工作效率．而且是一种致病因素。种植乔灌木对降低噪声有一定作用，据李少宁等对北京市三环、四环、五环进行噪音测定表明，三环、四环和五环路林带

分别以 10、15和 50 m处减噪能力最强，减噪率分别为 8. 39% 、5. 81% 和 6. 91% ，各环路林带的减噪能力与距离之间存在良好的立方函数关系，回归关系显着。

**特别提示**

隔音好的树种如下：

（1）乔木类——雪松、柏、龙柏、水杉、悬铃木、梧桐、垂柳、云杉、山胡桃、鹅掌楸、柏木、臭椿、樟树、榕树、柳杉、栎树、榆树、刺槐、油松等。

（2）小乔木及灌木——珊瑚树、椤木、海桐、桂花、女贞、桧柏、绿篱等。

### 4. 防风固沙，防止水土流失的作用

大面积种植绿化植物，对保持水土、涵养水源有很大的作用。植物根系盘根错节，有固土、固石的能力，还有利于水分渗入土壤下层，枝叶可遮拦降雨的能量，树木的落叶可形成松软的死地被物，能截阻地表径流，使之渗入地下，从而减少暴雨所造成的水土流失。

大风可以增加土壤的蒸发、降低土壤的水分，造成土壤风蚀。严重时形成的沙暴可埋没城镇和农田。据联合国1984年统计，每年有600万$hm^2$的土地被沙埋没，2100万$hm^2$的土地因沙化而失收，目前世界上有1/3的土地有沙漠化的危险，并呼吁国际社会为制止全球一些地区的沙漠化而斗争。“要想风沙住，就要多栽树。”防风固沙的有效办法就是植树造林、设置防护林带，以减弱风速、阻滞风沙的侵蚀迁移。

树种不同，其截流率不同。一般来说，枝叶茂密、叶面粗糙的树种，其截流率大。针叶树比阔叶树大，耐阴树种比阳性树种大。若以涵养水源为目的，应选择树冠厚大、郁闭能力强、截流雨量能力大、耐阴性强而生长稳定和能形成富于吸水性落叶层的树种。根系深广也是选择条件之一。因为根系广、侧根多，可加强固土固石的作用；根系深则有利于水分渗入土壤的下层。如：一般选用柳、槭、胡桃、枫杨、水杉、云杉、冷杉、圆柏等乔木和榛、夹竹桃、胡枝子、紫穗槐等灌木。在土、石易于流失塌陷的冲沟处，最宜选择根系发达、萌蘖性强、生长迅速而又不易发生病虫害的树种。如：乔木中的旱柳、山杨、青杨等及灌木中的杞柳、沙棘、胡枝子、紫穗槐等，以及藤本中的紫藤、南蛇藤、葛藤、蛇葡萄等。

### 5. 其他防护作用

在多风雪地区可以用树林形成防雪林带以保护公路、铁路和居民区。

在火灾高发区，可以种植防火树种。防火树种一般含水量多，可以防止火蔓延。这类树有苏铁、银杏、栎类、榕类、棕榈、女贞、珊瑚树、罗汉松、夹竹桃、黄菠萝等，但不能根治。只能起一定的减弱作用。总之，以树干有厚木栓层和富含水分的树

种较抗燃。

在热带海洋地区可于浅海泥滩种植红树作防浪林或沿海防护林。

在沿海地区也可种植防海潮风的林带以防台风的侵袭。

有许多植物能监测大气污染。

**特别提示**

引例（4）的解答：园林植物的种植从单纯的草坪种植过渡到乔灌草的结合，主要是因为不同的植物，其光合作用的强度是不同的。一般来说，阔叶树种吸收$CO_2$的能力强于针叶树种，乔木树种高于草坪植物，乔灌草结合的配置对改善空气质量作用远高于单一的草坪。随着社会的发展，人们对环境质量要求越来越高，因此，现在园林绿化种植配置都强调的乔灌草结合。

## 1.1.2 园林树木的美化作用

园林植物是组成园林艺术美的主要因素，它本身具有形态、色彩与风韵之美，这些特色且能随着年龄的增长而发生变化，随着四季物候的交替变化和受朝暮、阴晴、风雪、雨雾等自然条件和气候影响的变化，给人们的生活环境提供了极其丰富多彩和绚丽多姿的景色。例如：春季梢头嫩绿，花团锦簇；夏则绿叶成荫，浓荫覆地；秋则嘉实累累，色香俱佳；冬则白雪挂枝，琼干银鳞。春夏秋冬，各有风采与妙处。而每一种又会随年龄增长，观赏价值不同。如幼龄的松团簇似球，壮龄的松亭亭如华盖，老松则枝干盘虬而有飞舞之姿。植物的美学功能主要涉及观赏特性，包括植物的形体、叶、花、果、干等几个方面。

### 1. 园林植物的形态美

园林植物姿态具有很大的不同，带叶姿态与落叶姿态不同，落叶姿态曲直刚劲、古朴。树龄不同，姿态不同，从而呈现不同的美丽风景。如园林树木常见的树形有以下种类：圆柱形：钻天杨、新疆杨、杜松等；圆锥形：雪松、云杉等； 卵圆形：桂花、悬铃木等； 倒卵圆形：刺槐、千头柏等；圆球形：元宝枫、馒头柳、椴木、栾树、球柏、大叶黄杨、海桐等；伞形：合欢、老年松树等； 垂枝形：垂柳、垂枝桦、垂枝榆、龙爪槐等； 拱枝形：连翘、南迎春等；曲枝形：龙爪柳、龙爪桑、龙爪枣、龙扭山桃、龙游梅等；棕榈形：苏铁、棕榈类，匍匐形：铺地柏、平枝栒子等。

### 2. 园林植物的叶美

叶是园林植物的重要组成部分，也是重要的观赏特性，叶美主要体现其千姿百态的外形和多彩的颜色。

1) 叶形美

园林植物的叶形变化万千，各有不同，尤其一些具奇异形状的叶片，更具观赏价值，如鹅掌楸的马褂服形叶，羊蹄甲的羊蹄形叶，银杏的折扇形叶，黄栌的圆扇形叶，元宝枫的五角形叶，乌桕的菱形叶，等等，使人过目不忘。棕榈、椰树、龟背竹等叶片带来热带情调，合欢、凤凰木、蓝花楹纤细似羽毛的叶片均产生轻盈秀丽的效果。

2) 叶色美

叶片吸收阳色光中的蓝、红色光，反射绿光，所以我们看见叶片是绿色。由于叶片质地不同，观赏效果不一样。革质的叶片具有较强的反光能力。故叶色较浓暗，并有光影闪烁的效果；纸质、膜质叶片则常呈半透明状，而于人以恬静之感。至于粗糙的多毛的叶片，则多富野趣。叶子的大小、形状差异也是非常大的。如：大的巴西棕达20m以上，小的叶片仅仅几毫米。

(1) 绿色叶类。叶色多为绿色，但有嫩绿、浅绿、鲜绿、浓绿、黄绿、赤绿、褐绿、蓝绿、黑绿等的差别。将不同绿色的树木搭配在一起，能形成美丽的色感。例如，在暗绿色的针叶树丛之前，配置黄绿色树冠，会形成满树黄花的效果。

叶色呈深浓绿色者：油松、圆柏、雪松、云杉、青扦、侧柏、山茶、女贞、桂花、榕、槐、毛白杨、构树等；叶色呈浅淡绿色者：水杉、落叶松、金钱松、七叶树、鹅掌楸、玉兰、芭蕉等。

树木的叶色深浅、浓淡受环境及树木本身营养状况有关。叶色还受季节变化的影响。如：栎树在早春呈鲜嫩的黄绿色，夏季呈正绿色，秋季则变为和黄色。

(2) 春色叶类。对春季发生的嫩叶有显著不同叶色的树种称为春色叶树种。如：臭椿的春色叶呈红色，黄连木呈紫色，栾树、七叶树、香椿、牡丹、月季等都呈红色。

(3) 秋色叶类。在秋季叶色有显著变化者称为“秋色叶树”。一般按其色彩的变化可分为以下几类。

①秋色叶呈红色或紫红色的。鸡爪槭、五角枫、茶条槭、糖槭、枫香、爬山虎、五叶地锦、小檗、樱花、漆树、盐肤木、野漆、黄连木、柿、黄栌、南天竹、花楸、乌桕、红槲、卫矛、山楂等。

②秋色叶呈黄或黄褐色的。银杏、白蜡、鹅掌楸、加拿大杨、柳、梧桐、榆、槐、白桦、无患子、复叶槭、紫荆、恋树、麻栎、栓皮栎、悬铃木、胡桃、水杉、落叶松、金钱松等。

(4) 常色叶类。有些树的变种或变型，其叶常年均为异色，称为常色树。红色的有：红枫、红叶李、紫叶桃、紫叶小檗、红桑、紫叶欧洲槲、红檵木等。金黄色的有：金叶鸡爪槭、金叶雪松、金叶圆柏、金叶女贞等。

(5) 双色叶类。某些树种，其叶背与叶表的颜色显著不同，在微风中就形成特殊的闪烁变化的效果，这类树种特称为双色叶树种。如：银白杨、胡颓子、栓皮栎、红背桂等。

(6) 斑色叶类。绿叶上具有其他颜色的斑点或花纹。如：桃叶珊瑚、变叶木、金边瑞香、东瀛珊瑚、金边大叶黄杨、金心大叶黄杨、银边大叶黄杨、银心大叶黄杨、洒金大叶黄杨等。

### 3. 园林植物的花美

1) 花色美

园林树木的花朵有各式各样的形状和大小，而在色彩上更是千变万化。这样就形成不同的观赏效果。如：艳红的石榴花如火如荼，会形成热情兴奋的气氛；白色的丁香花则似乎富有悠闲淡雅的气质；至于雪青色的繁密小花如六月雪、薄皮木等则形成了一幅恬静自然的图画。花的色彩效果是最重要的观赏要素，其变化极多。现将几种基本颜色花朵的观花树木列举如下。

(1) 红色系的花。海棠、桃、杏、梅、樱花、蔷薇、玫瑰、月季、贴梗海棠、石榴、牡丹、山茶、杜鹃、锦带花、夹竹桃、合欢、粉花绣线菊、紫薇、榆叶梅、紫荆、木棉、凤凰木、刺桐、象牙红、扶桑等。

(2) 黄色系的花。迎春、连翘、金钟花、黄木香、桂花、黄刺梅、黄蔷薇、棣棠、黄瑞香、黄牡丹、黄杜鹃、金丝桃、金丝梅、珠兰、金雀花、金叶连翘、黄花夹竹桃、小檗、金花茶等。

(3) 蓝色系的花。紫藤、紫丁香、杜鹃、木槿、紫荆、泡桐、八仙花、醉鱼草、马蹄针等。

(4) 白色的花系。茉莉、白丁香、白牡丹、白茶花、溲疏、山梅花、女贞、荚蒾、枸桔、玉兰、珍珠梅、广玉兰、白兰、栀子花、梨花、白鹃梅、白碧桃、白玫瑰、白杜鹃、刺槐、绣线菊、白木槿、络石等。

(5) 绿色的花系。梅花、牡丹、月季等。

2) 花形美

园林植物的花朵有各式各样的形状和大小，单朵的花又常排聚成大小不同、式样各异的花序，这些复杂的变化，形成不同的观赏效果。

3) 花的芳香

花的芳香，目前虽无一致的标准，但可分为清香(如茉莉、九里香、待宵草、荷花等)、淡香(玉兰、梅花、素方花、香雪球、铃兰等)、甜香(桂花、米兰、含笑、百合等)、浓香(白兰花、玫瑰、依兰、玉簪、晚香玉等)、幽香(树兰、蕙兰等)等类，把不同种类的芳香植物栽植在一起，组成“芳香园”，必能带来极好的效果。

### 4. 园林植物的果美

“一年好景君须记，正是橙黄橘绿时”。累累硕果带来丰收的喜悦，那多姿多彩、晶莹透体的各颜色果实在植物景观中发挥着极高的观果效果。一般果的色彩有如下几类。

(1) 红色果。平枝栒子、水栒子、山楂、枸杞、火棘、金银木、南天竹、桔、柿、石榴等。

(2) 黄色果。银杏、梅、杏、枸桔、梨、木瓜、沙棘、香蕉等。

(3) 蓝紫色果。紫珠、蛇葡萄、葡萄、桂花等。

(4) 黑色果。小叶女贞、小蜡、女贞、爬山虎、君迁子等。

(5) 白色果。雪松、红瑞木、陕甘花楸等。

**特别提示**

果色美的植物在使用中注意事项：果实不仅可供观赏，又有招引鸟类及兽类的作用，可给园林带来生动活泼的气氛。不同果实可招来不同的鸟。如小檗易招来黄连雀、松鸡等；红瑞木类易招来知更鸟等。但另一方面的问题是，在重点观果区，应须注意防止鸟类大量吃果。在飞机场不种植吸引鸟类的果木类。幼儿园不种植有毒的果木类。

### 5. 园林植物的枝干色美

当深秋树叶落后，枝干颜色更为显目，现将干皮有显著颜色的树种列举如下。

(1) 红、紫色。紫竹、红瑞木、山桃、红桦等。

(2) 绿色。竹、梧桐、棣棠、木香、青榨槭等。

(3) 白色。老龄白皮松、白桦、白桉等。

(4) 斑剥。壮龄白皮松、悬铃木、木瓜、榔榆等。

(5) 肉红色。柠檬桉(林中仙子)。

(6) 黄色。金竹、黄桦等。

很多树木的刺、毛等附属物，也有一定观赏价值。如红毛悬钩子有红褐色刚毛，并疏生皮刺。如峨眉蔷薇，其紫红色皮刺基部常膨大，其变型翅刺峨眉蔷薇的皮刺极宽扁，常几个相连而呈翅状，幼叶深红，半透明，尤为可观。

### 6. 园林树木的风韵美(联想美、内容美、象征美、意境美)

风韵美就是园林树木除形体美、色彩美以及嗅觉感知的芳香美、听觉感知的声音美等之外的抽象美。它是富于思想感情的美。风韵美的形成是比较复杂的，它与民族的文化传统、各地的风俗习惯、文化教育水平、社会的历史发展等有关。风韵美并不是一下子就能领略到的，只是文人墨客在欣赏、讴歌大自然中的植物美时，曾多次反复地总结，使许多植物人格化并赋予丰富的感情。如：

(1) 松柏常绿。比喻有气节之人，虽在乱世，仍不变其节。《荀子》中有："松柏经隆冬而不凋，蒙霜雪而不变，可谓其'贞'矣。" 松、柏有"松柏常春"之说，表示长寿、永年。

(2) 梅花。代表高洁。宋代佚名的《锦绣万花谷》中有"端伯以梅花为'清友'"。明代徐徕《梅花记》中有："或谓其风韵独胜，或谓其神形俱清，或谓其标格秀雅，或谓其节操凝固"(风韵：风度韵致。神形：神气形态。标格：风范。节操：气节操守。凝固：不变之意)。

(3) 桃李。表示门生，入门弟子。桃李满天下，校园种植较适宜。

(4) 柳表示依恋。《诗小雅采薇》中有："昔我往矣，杨柳依依。"(依依本来表示柳条飘荡的样子，也含思慕的意思。现称惜别为"依依不舍")。古时人们送别朋友时，常折柳枝相赠(柳与留为谐音)以表示依恋之情。

(5) 杨树有"白杨萧萧"，表示惆怅、伤感，这是过去的、旧时代的。现在一般是白杨礼赞，是另外一种感受。

(6) 香椿有长寿之意。如《庄子逍遥游》中有："上古有椿树，以八千岁为春，以八千岁为秋。"(椿为香椿，祝寿称"椿龄"，古时称父亲"椿庭")。

(7) 竹常有潇洒之意。唐朝许昼《江南竹诗》"江南潇洒地，本自与君宜"(江南竹即毛竹。君：称竹为君，表示与竹为友的意思)。古人以"玉可碎而不改其白，竹可焚而不毁其节"来比喻人的气质，是高风亮节的象征。

(8) 高尚。如松、竹、梅称"岁寒三友"，象征着坚贞、气节和理想，代表着高尚的品质。

国外也有联想美，如日本人对樱花的感情，樱花盛开，举国欢腾；白桦是苏联的乡土树种，垂枝白桦表示哀思。总之，园林树木美的延伸，能体现传统，形成地方及民族风格。这方面的内容十分丰富，在实践中要根据特定环境，突出主体，体现时代精神。

### 1.1.3 园林植物的组织空间的作用

植物景观空间包括物理空间和心理空间两个方面。其中，物理空间是指由物质实体所界定围合的空间。通常，在进行植物配置设计时，我们主要的工作对象也是物理空间，但不应忘记，"设计成果"却更多地在心理空间中展开。物理空间是由地平面、垂直面以及顶平面单独或共同组合成的，具有实在的或暗示性的范围围合。植物可以当做空间中的任何一个面来处理，自然也可以构成空间；只不过因为植物材料的特殊性，其所构成的面或空间不一定是实在的、完全封闭的，而是常常一种虚的、带有暗示性的分隔。

草地、地被、灌木都是天然的地平面，并且通过不同的高度和不同种类的地被植物或矮灌木来暗示空间的边界。植物虽不是以实在的材料形式来限制着空间，但是也确实可以充分利用植物的不同形态组合出丰富多彩的园林空间。由植物组成的空间和其他园林要素组成的空间相比，具有柔和的特点，没有生硬、冷冰的感觉。园林植物空间主要分为以下几个类型。

#### 1．封闭空间

植物的叶丛疏密度和分枝高度影响着空间的闭合感。

#### 2．覆盖空间

利用具有浓密树冠的遮荫树构成一顶部覆盖而四周开敞的空间。一般来说，该空间为夹在树面和地面之间的宽敞空间，人们能穿行或站立于树干之中，利用覆盖空间的高度，能形成垂直尺度的强烈感觉。

#### 3．开敞空间

仅用低矮灌木及地被植物作为空间的限制因素。这种空间四周开敞、外向、无隐秘性，并完全暴露于天空和阳光之下。如草坪、灌木丛、月季园等。

#### 4．半开敞空间

一面或多面部分受到较高植物的封闭，限制了视线的穿透。如草坪边缘的群落。

#### 5．垂直空间

运用高大植物组合成方向直立、朝天开敞的室外空间，这种空间给人以庄严、肃穆、紧张的感觉。

### 1.1.4 园林植物的经济作用

园林植物的经济作用主要有四个方面：苗木生产、抚育间伐、旅游开发、生产植物产品。现在说的经济作用主要是指苗木生产和生产植物产品方面。

园林植物生产具有重大的经济效益，在国民经济中的比重日趋加大。我国园林植物的生产开始向产业化、市场化发展，它是三高农业的重要组成部分，是最具有发展前景的新兴产业，已成为新的经济增长点。根据农业部种植业管理司《2010年全国花卉业统计数据》显示：2010年，全国花卉种植面积91.8万$hm^2$，相比2009年增长10.0%；全国花卉销售额862.1亿元，相比2009年增长19.8%；花卉总出口额4.6亿美元，同比增长13.9%。

同时园林植物具有多方面的经济价值，有的既可观赏又可入药，如牡丹、菊花；有的可制窨茶，如茉莉、玫瑰；有的可提取香精，如桂花、丁香；有的种子可榨取油；有的园林植物可供食用；有的园林植物还可提供特殊的原材料。

**特别提示**

在园林植物结合生产时，应当注意园林植物的生态和美化作用是主导的、基本的，园林生产是次要的、派生的。要防止过分强调生产，导致植物的破坏，使植物难以发挥各种主要的功能。要处理好两者之间的关系，分清主次，充分发挥园林植物的作用。如我国著名的“花果城”——临汾市，用梨、柿子、石榴等做街道绿化树种，既利用了这些树种观花期长、抗病虫的特点，又利用了其应有的经济价值，是很成功的实例。

# 1.2 园林植物分类

### 引例

让我们来看看以下现象：

(1) 春节期间，武汉梅园出现同一梅花上出白色和红色的梅花，引起市民关注。请分析原因。

(2) 在一小区绿化时，种植大面积杜鹃，经过一段时间后叶片逐渐变黄，这是什么原因造成的？

## 1.2.1 自然分类法

自然分类法是根据植物自然进化系统，根据植物间的亲缘关系进行分类，这种分类方法基本反映了植物的自然历史发展规律。

### 1. 常见的分类系统

关于种子植物的自然分类系统，各学者的意见尚未统一，现将最常用的两个系统特点介绍如下。

1) 恩格勒(Enger)系统

德国的恩格勒编写了两本巨著《植物自然分科志》和《植物分科志要》系统描述了全世界的植物，内容丰富并有插图，很多国家采用了这个系统。其特点如下。

(1) 在被子植物中，单性而无花被的为原始特征，所以将木麻黄科、杨柳科、桦木科等放在木兰科、毛茛科之前。

(2) 认为单子叶植物比双子叶植物原始。1964年改变，把双子叶植物放在前边，便于同其他植物学家统一。

(3) 目与科的范围较大。

该系统较稳定而实用，所以在世界各国及中国北方多采用，如：《中国树木分类》、《中国植物志》、《中国高等植物图鉴》等书均采用本系统。

2) 哈钦松(J · Hutchinson)系统

英国的哈钦松在其著作《有花植物志科》中公布了这个系统，其特点如下。

(1) 认为单子叶植物比较进化，故排在双子叶植物之后。

(2) 在双子叶植物中，将木本与草本分开，并认为乔木为原始性状，草本为进化性状。

(3) 认为花的各部呈离生状态、花的各部呈螺旋状排列、具有多数离生雄蕊、两性花等性状均较原始，而花的各部分呈合生或附生、花部呈轮状排列、具有少数合生雄蕊、单性花等性状属于较进化的性状。

(4) 认为在具有萼片和花瓣的植物中，如果它的雄蕊和雌蕊在解剖上属于原始性状时，则比无萼片与花瓣的植物为原始，例如杨柳科等的无花被特征是属于退化的现象。

(5) 单叶和叶呈互生排列现象属于原始性状，复叶或叶呈对生或轮生排列现象属于较进化的现象。

(6) 目与科的范围较小。

目前认为该系统较为合理，但原书中没有包括裸子植物。中国南方学者采用的多。如：《广州植物志》、《园林树木1000种》、《树木学》、《海南植物志》等都是哈钦松分类系统。

### 2．植物分类单位和植物命名

1) 分类单位

自然分类法采用的分类单位有：界、门、纲、目、科、属、种等，其顺序表明了各分类级别，有时因在某一级别种不能确切而完全地包括其性状或系统关系时，可以加设亚纲、亚门、亚科等分类系统上的等级(以桃为例)。

界 —— 植物界

门 —— 种子植物门

亚门 —— 被子植物亚门

纲 —— 双子叶植物纲

亚纲 ———————————— 离瓣花亚纲
目 ———————————— 蔷薇目
亚目 ———————————— 蔷薇科
亚科 ———————————— 李亚科
属 ———————————— 梅属
亚属 ———————————— 桃亚属
种 ———————————— 桃

种是自然界中客观存在的一种类群，这个类群中的所有个体都有着极其相似的形态特征和生理、生态特性，个体之间可以自然交配产生正常的后代而使种族延续，它们在自然界中占有一定的分布区域。在植物分类系统等级上，种定为基本分类单位，以种为分类的起点，然后把相近的种集合为属，又将类似的属集合为科，将类似的科集合为目，再将目集为纲，集合纲为门，集合门为界，这样就形成一个完整的自然分类系统。

种是具有相对稳定性的特征，但它又不是绝对固定永远一成不变的，它在长期的种族延续中是不断地产生变化的。所以在同种内会发现具有相当差异的集团。分类学家根据差异大小，又将种下分为：亚种、变种和变型。

(1) 亚种。是种的变异类型，这个类型在形态构造上有显著变化，在地理分布上也有一定较大范围的地带性分布区域。

(2) 变种。是种的变异类型，这个类型在形态构造上也有显著变化，但没有明显的地带性分布区域。

(3) 变型。是指在形态特征上变异较小的类型，如花色不同，花的重瓣、单瓣，毛的有无，叶面上有无色斑等。

此外，在园林和园艺及农业生产实践当中，还存在由人工培育而成的植物，当达到一定数量成为生产资料时即可称为该种植物的“品种”(Cultivar)。品种原来并不存在于自然界中而纯属人为创造出来的。所以植物分类学家均不把此作为自然分类系统的研究对象。

2) 植物命名法

每一种植物，不同地区、不同国家往往具有不同的名称，例如北京的玉兰，在湖南叫做应春花，河南叫做白玉兰，浙江叫做望春花，四川叫做木花树。由于植物种类极其繁多，叫法不一，所以经常发生“同名异物”或“同物异名”的混乱现象。为科学上的交流和生产上利用的方便。1867年规定以双名法作为植物学名的命名。

(1) 种的命名。瑞典的林奈应用双名法最早。双名法规定用两个拉丁字或拉丁化的词组作为植物的学名。第一词是属名，第一个字母大写，第二个词是种名，书写时小写，字体斜体。此外，在种加词后边有命名人的姓氏缩写，如：银杏*Ginkgo*

*biloba* L.。

(2) 变种的学名。在种名之后加上Var.(varietas)符号再加上变种词，如：樟子松是欧洲松的变种*Pinus sylvestris Linn*. var. *mongolica* Litr. 常写为 *Pinus sylvestris* var. *mongolica* 。

(3) 变型的学名。f. (forma)，如：小叶青岗栎*Quercus glauca* Thung. f. *gracilis* Rehd. et. Wils.

(4) 栽培品种。栽培品种的命名受《国际栽培植物命名法规》的管理，品种名称由它所隶属的植物中或属的学名加上品种加词构成，品种名必须放在单引号内，词首大写，用正体，不写命名人。

**特别提示**

同一的植物只能有一个学名，都是以拉丁名为统一标注。在中国，中文名在不同的地方存在不同，主要的中文名以《中国植物志》为统一标准。

引例（1）的解答：武汉梅园出现同一梅花上出白色和红色的梅花，是因为工人在开白色梅花的植物上嫁接了开红色花的梅花品种。在自然界中亲缘关系近的植物种类之间或者同种之间可以进行嫁接等方式进行繁殖。而自然分类法反映了植物在进化中的亲缘关系。

### 3．植物分类检索表

1) 定距检索表

本检索表中，对某一种性状的描述是从书页左边一定距离处开始，而与其相对的性状描述亦是从书页左边同一距离处开始；其下一级的两个相对性状的描述又均在更大一些的距离上开始，如此逐渐下去，距书页左方愈来愈远，直至检索出所需要的名称为止。

如：

1)

1．胚珠裸露，无子房包被 ……………………………裸子植物门 Gymnospermae

2．茎不分枝，叶大型羽状复叶……………………… 苏铁科 Cycadaceae

2．茎正常分枝，单叶

1．胚珠包藏于子房内，真花………………………… 被子植物门 Angiospermae

2) 平行检索表

本检索表中每一相对性状的描写紧紧并列以便比较，在一种性状描述之后即列出所需的名称或数字。此数字重新列于较底的一行之首，与另一组相对性状平行排列；如此继续下去直至查处所需名称为止。

如：

2)

1．胚珠裸露，无子房包被 ………………………… 裸子植物门 Gymnospermae

1．胚珠包藏于子房内，真花…………………………被子植物门 Angiospermae

2．茎不分枝，叶大型羽状复叶……………………… 苏铁科 Cycadaceae

2．茎正常分枝，单叶……………………………… 3

### 1.2.2 人为分类法

在实际工作中，根据园林植物的生长特性、观赏特性、园林用途等方面的差异，将各类园林植物划分不同的类别，以便在园林建设中应用。

#### 1．依生物学特性分类

1) 木本类

(1) 乔木类。树体高大(在6m以上)，具有明显的高大主干者，为乔木。又可按树高分为巨乔(31m 以上)、大乔木(21～31m)、中乔木(11～20m)、小乔木(6～10m)；还可按生长速度分为速生、中生和慢生树等。如白玉兰、广玉兰、榕树、悬铃木、樟树等。

(2) 灌木类。无明显主干，一般植株较矮小，分枝以接近地面的节上开始呈丛生状。如栀子花、牡丹、月季、腊梅、珍珠梅、千头柏、贴梗海棠等。

(3) 藤本类。茎木质化，长而细软，不能直立，需缠绕或攀援其他物体才能向上生长。如紫藤、凌霄、爬山虎、葡萄等。

2) 草本类

(1) 一年生草本园林植物。在一年内完成其生命周期，即从播种、开花、结实到枯死均在一年内完成。一年生草本园林植物多数种类原产于热带或亚热带，不耐寒，一般在春季无霜冻后播种，于夏秋开花结实后死亡。如百日草、鸡冠花、千日红、凤仙花、波斯菊、万寿菊等。

(2) 二年生草本园林植物。在两年内完成其生命周期，当年只进行营养生长，到翌年春夏才开花结实。其实际生活时间常不足一年，但跨越两个年头，故称为二年生植物。这类植物具一定耐寒力，但不耐高温。如金盏菊、石竹、紫罗兰、瓜叶菊、飞燕草、虞美人等。

(3) 多年生草本园林植物个体寿命超过两年，能多次开花结实。可根据地下形态的变化分为以下几种。

①球根园林植物。是具有地下茎或根变态形成的膨大部分，以渡过寒冷的冬季或干旱炎热的夏季(呈休眠状态)。球根园林植物种类很多，因其地下茎或根变态部分的

差异，可分为：由不定根或侧根膨大而形成的块根类，如大丽花、花毛茛等；由短缩的变态茎形成的球茎类，如唐菖蒲、小苍兰、番红花、秋水仙等；由地下根状茎的顶端膨大而形成的块茎类，如花叶芋、马蹄莲、大岩桐等；由地下茎极度缩短并有肥大的鳞片状叶包裹而形成的鳞茎类，如水仙、郁金香、百合、风信子、石蒜等；由地下茎肥大形成的根茎类，如美人蕉、鸢尾等。

②宿根园林植物。地下部分形态正常，不发生变态，宿根存于土壤中，冬季可在露地越冬。地上部分冬季枯萎，第二年春天萌发新芽。常见的宿根园林植物有芍药、菊、香石竹、蜀葵、天竺葵、文竹等。

③水生园林植物。生长发育在沼泽地或不同水域中的植物，如荷花、睡莲等。

④多浆、多肉类园林植物。这类园林植物是根据其共同具有旱生、喜热的生理特点及植物含水分多，茎或叶特别肥厚，呈肉质多浆的形态而归为一类。如仙人掌、芦荟、落地生根、燕子掌、虎刺梅、生石花等。

**特别提示**

不同的植物在不同的环境条件下，呈现出不同的生长状态，如木芙蓉在华中一带是灌木，在西南、成都老家又是乔木；辽东丁香在北京是灌木，在百花山海拔1000 m以上是乔木；蓖麻在北方是草本，在西双版纳则是乔木；白兰花在苏、杭一带高仅1～2m，适于盆栽灌木，然而在云南、四川、广东、广西、福建等省，则是高达数十米的乔木。这种判断标准要依照植物特殊生长地带而定。

### 2. 按观赏特性分类

1) 观花类

包括木本观花植物与草本观花植物。观花植物以花朵为主要的观赏部位。以其花大、花多、花艳或花香取胜。木本观花植物如玉兰、梅花、杜鹃、碧桃、榆叶梅等；草本观花植物有菊花、兰花、大丽花、一串红、唐菖蒲等。

2) 观叶类

以观赏叶形、叶色为主的园林植物。这类植物或叶色光亮、色彩鲜艳，或者叶形奇特而引人注目。观叶园林植物观赏期长，观赏价值较高。如龟背竹、红枫、黄栌、芭蕉、苏铁、橡皮树、一叶兰等。

3) 观茎类

该类园林植物茎干因色泽或形状异于其他植物，而具有独特的观赏价值。如佛肚竹、紫薇、白皮松、竹类、白桦、红瑞木等。

4) 观果类

这类园林植物果实色泽美丽，经久不落，或果实奇特，色形俱佳。如石榴、佛手、金橘、五色椒、火棘、山楂等。

5) 观姿态类

以观赏园林树木的树型、树姿为主。这类园林植物树型、树姿或端庄、或高耸、或浑圆、或盘绕、或似游龙、或如伞盖。如雪松、龙柏、香樟、银杏、合欢、龙爪榆等。

6) 观芽类

园林植物的芽特别肥大美丽。如银柳、结香。

特别提示

同一种植物的观赏特性不是唯一的，很多植物具备多种观赏特性，如石榴，在开花季节观花，在结果季节观果，在没有花和果的季节观姿。随着园林植物育种技术的发展，具备多种观赏特性的园林植物品种越来越多。

### 3．按照植物对环境因子的适应能力分类

1) 按照气温因子

这主要是依据植物最适应的气温带分类，分为热带树种、亚热带树种、温带树种和寒带亚寒带树种。同时植物长期生长在不同气候带地区，受气候带温度的长期作用，形成了各不相同的植物生态类型及当地植被见表1-2；反之，这些不同类型的植物种类也要求各自生长的最适、最高、最低的温度条件。

表1-2　我国不同气候带的植物水平分布

| 气候带 | 年均温 | 最冷月均温 | 最热月均温 | ≥10℃积温 | 生物学零度 | 植物类型 | 植被 |
|---|---|---|---|---|---|---|---|
| 寒温带 | -2.2～-5.5 | -28～-38 | 16～20 | 1100～1700 | <5 | 最耐寒植物 | 针叶林 |
| 温带 | 2.0～8.0 | -10～-25 | 21～24 | 1600～3200 | 5 | 耐寒植物 | 针阔叶混交林 |
| 暖温带 | 9.0～14.0 | -2～-14 | 24～28 | 3200～4500 | 10 | 中温植物 | 落叶阔叶林 |
| 亚热带 | 14.0～22.0 | 2.2～13 | 28～29 | 4500～8000 | 15 | 喜温植物 | 常绿阔叶林 |
| 热带 | 22.0～26.5 | 16～21 | 26～29 | 8000～10000 | 18 | 喜高温植物 | 雨林季雨林 |

2) 按照水分因子

这主要是依据植物对水分的忍耐程度进行分类，可分为耐旱树种(可分数级)、耐湿树种(可分数级)。

(1) 旱生植物。旱生植物指在干旱环境中生长，能耐较长时间干旱，仍能维持体内水分平衡和正常生长发育的一类植物，如桂香柳、胡颓子等。此类植物具有较强的抗旱性，原生质具有忍受严重失水的适应能力。

(2) 中生植物。中生植物要求土壤含水量适中，不能忍受过干或过湿的条件。这一类的植物数量最多，分布最广，又根据对土壤水分的适应性分为以下两种。

①中生耐干旱，如刺槐、臭椿、构树、黄栌、锦带花、波斯菊、半支莲、牵牛等。

②中生耐水湿，如柳、白蜡、丝棉木、枫杨、紫藤、马蔺、水仙、晚香玉等。

(3) 湿生植物。湿生植物要求空气与土壤潮湿，在土壤短期积水时可以生长，不能忍受较长时间的水分不足、属于抗旱能力最小的陆生植物，可以分为阴性湿生植物和阳性湿生植物。如水杉、垂柳、秋海棠等。

(4) 水生植物。水生植物适宜生长在水中，如荷花、浮萍等。

3) 按照光照因子

(1) 依据光照强度来因子分类。

①阳性植物。又称喜光植物，不耐蔽荫，要求较强的光照，光补偿点高，在强光环境中生长发育健壮，在阴蔽和弱光条件下生长发育不良的植物称阳性植物，如松树、杨树、银杏、柏等。

②阴性植物。具有较强的耐阴能力，光补偿点低，不超过全光照的1%。在较弱的光照条件下比在强光下生长良好，光照度过大会导致光合作用减弱。长时间的强光直射，植物生长不良，有的甚至死亡：因而栽培中应保持50%～80%的遮荫度，如珍珠梅、文竹、兰花、石杉、冷杉、红豆杉及珊瑚树等。

③耐阴植物。对光照度的反应介于上述两者之间，比较喜光，稍能耐阴，对光的适应幅度较大，也称中性植物。光照过强或过弱都对其生长不利，如枇杷。过强的光照常超过其光饱和点，故盛夏应遮阳，但过分蔽阴又会削弱光合强度，常造成植物的营养不良而逐渐衰弱死亡。

**特别提示**

不同植物对光的需求量有较大的差异，同一种植物对光的反应也常因环境的改变而发生变化。例如，同一树种，如原产热带、亚热带的植物，原属阳性，但引到北方后，夏季却不能在全光照条件下生长，需要适当遮阳，这是由于原产地雨多，空气湿度大，光的透射能力较弱。小长存分市区南界的植物比分布区中心的植物耐阴，而分布区北界的植物则较喜光；向时随海拔的升高喜光性增强。

根据各种植物耐阴程度的不同又分为以下几种。

a.中性偏阳。如枫杨、榉树、樱花、榆叶梅、碧桃、月季、玫瑰、黄刺玫、木槿、石榴、芭蕉、金鱼草、芍药、桔梗等。

b.中性耐阴。如槐树、七叶树、元宝枫、丁香、锦带花、多花栒子、紫珠、猬实、糯米条、雏菊、耧斗菜、郁金香等。

c.中性偏阴。如冷杉、云杉、粗榧、罗汉松、八角金盘、桃叶珊瑚、黄杨、海桐、八仙花、菱叶绣线菊、天目琼花、金银木、棣棠、玉簪、铃兰、石蒜、麦冬、崂峪苔草等。

在园林建设中，了解园林植物的耐阴性是很重要的。可以根据不同环境的光照度，合理选择栽培植物，做到植物与环境的统一，同时也可以根据植物的需光不同进行合理配置，形成层次分明、错落有致的园林景观。如阳性树种的寿命一般比耐阴树种短，但生长速度较快，所以在树木配置时阳性植物与耐阴植物必须搭配得当，长短结合。又如一般情况下，植物的需光量随年龄的增加而增加，所以树木在幼苗阶段的耐阴性高于成年阶段，在同样的遮阴条件下，幼苗可以生存，但成年树即表现为光照不足。在园林绿化中，可以科学利用这一原理，幼年树加以密植，以提高绿化效果和土地利用率，以后随着年龄的增长，逐渐疏移或疏伐。此外，在园林植物配置中，可将阳性树种栽在上层，中下层可配置较为耐阴的灌木和地被植物，形成复层林分，丰富园林绿化景观，提高生态功能。

(2) 以日照长度为主导因子植物的生态类型分类。植物成花，尤其草本花卉的成花所需要的日照长度各不相同，一定日照长度和相应黑夜长度的相互交替，才能诱导花的发生和开放，依据植物成花对日照长度的要求，可分为长日照植物、短日照植物、中日照植物、中间型植物。

①长日照植物。这类植物要求较长时间的光照(每天有14～16h)才能成花，而在较短的日照下便不开花或延迟开花。两年生花卉及春季开花的多年生花卉多属此类。如天人菊、唐菖蒲、金鱼草、虞美人等。

②短日照植物。这类植物要求较短时间的光照(每天为8～12h)就能成花，而在较长的光照下便不开花或延迟开花。一年生花卉及秋季开花的多年生花卉多属此类。如菊花、一品红、波斯菊等。

③中日照植物。昼夜长短时数近于相等时才能开花的植物。如大丽花、玉簪、蜀葵、凤仙花、矮牵牛、扶桑等。

④中间型植物。对光照与黑暗的时数没有严格的要求，只要发育成熟，在各类日照时数下都能开花。如香石竹、月季花及很多木本植物。

4) 按照空气因子

这主要是依据空气因子分为抗风树种、抗烟害和有毒气体树种、抗粉尘树种和卫生保健树种(能分泌挥发杀菌素和有益人类的芳香分子)等4类。

5) 按照土壤因子

依据植物对土壤酸碱度的适应分类，可分成喜酸树种(pH＜6.5)，如杜鹃，山茶；耐碱性树种(pH＞7)，如红树；中性土植物土壤pH(6＜pH＞8)。依据植物对土壤肥力的适应分类，耐瘠薄树种，如马尾松、刺槐等。

特别提示

引例（2）的解答：小区土壤组成重要部分是房屋建设中垃圾土，偏碱，而杜鹃是喜酸性土壤，因此杜鹃在该土壤中生长一段时间，无法适应后因缺铁而变黄。在实践中，如在碱性土壤上种植酸性树种，需要对土壤进行改良。这是植物配置中说的“改地适树”。

常见的酸性植物有：杜鹃花、乌饭树、茶、山茶、油茶、柑橘类、白兰、含笑、珠兰、茉莉、枸骨、八仙花、肉桂、马尾松、石楠、油桐、吊钟花、马醉木、栀子花、大多数棕榈科植物、红松、印度橡皮树等，种类极多。

常见的碱性植物有：怪柳、紫穗槐、沙棘、沙枣（桂香柳）、杠柳、怪柳、新疆杨、合欢、文冠果、黄梢、木慬、油橄榄、木麻黄等。

### 4．按植物在园林绿化中的用途分类

1) 风景树(观赏树、公园树)

通常作为庭院和园林局部的中心景物，赏其树型或姿态，也有赏其花、果、叶色等的。如南洋杉、日本金松、雪松、金钱松、龙柏、云杉、冷杉、紫杉、紫叶李、龙爪槐等。世界五大公园树种：雪松、金钱松、南洋杉、日本金松、巨杉。

2) 庭荫树

栽种在庭院或公园以取其绿荫为主要目的的树种。一般多为叶大荫浓的落叶乔木，在冬季人们需要阳光时落叶。例如：梧桐、七叶树、槐、栾树、朴树、榉树、榕树、樟树等。

3) 行道树

种在道路两旁给车辆和行人遮荫并构成街景的树种。落叶或常绿乔木均可作行道树，但必须具有抗逆性强、耐修剪、主干直、分枝点高等特点。例如：悬铃木、槐、七叶树等。

4) 花灌木

通常指有美丽芳香的花朵或色彩艳丽的果实的灌木和小乔木。这类树木种类繁多，观赏效果显著，在园林绿地中应用广泛。花灌木可起到高大乔木和地面之间的过渡作用，来丰富边缘线。例如：榆叶梅、连翘、丁香、月季等。

5) 藤本类

具有细长茎蔓的木质藤本植物。它们可以攀缘或垂挂在各种支架上，有些可以直接吸附于垂直的墙壁上，它们不占或很少占用地面积。如：紫藤、凌霄、络石、爬山虎、常春藤、薜荔、葡萄、金银花、铁线莲、木香、炮仗花等。

6) 绿篱树种

是适于作绿篱的树种。绿篱是成行密植，通常修剪整齐的一种园林栽植方式。主要起着范围和防范作用，也可用来分隔空间和屏障视线，或作雕塑、喷泉等的背景，

用作绿篱的树种，一般都是耐修剪，多分枝和生长较慢的常绿树种。如：圆柏、侧柏、黄杨、女贞、珊瑚树等。也有以观赏其花果为主而不加修整的自然式绿篱。常用树种有：小檗、贴梗海棠、黄刺玫、珍珠梅、枸桔、木槿等。

7) 地被植物

是指用于对裸露地面或斜坡进行绿化覆盖的低矮、匍匐的灌木或藤木。如：铺地柏、翠柏、平枝栒子、箬竹、金银花、爬山虎、常春藤等。

8) 基础植物

在高大的楼房和地面之间缓冲而种的植物。低矮不挡光线，打破死角。

9) 岩石植物

在岩石园中种植的低矮植物，如：南天竹、枸杞、六月雪、竹类等。岩石园是以岩石及岩石植物为主，结合地形，选择适当的沼泽、水生植物，展示高山草甸、牧场、碎石陡坡、峰峦溪流等自然景观。全园景观别致，富有野趣。

10) 盆栽及盆景

植物种植在盆中来观赏。盆景要求植株古朴、叶小、生长缓慢、易造型。如：榔榆、银杏、梅、日本五针松、棕竹等。

11) 室内装饰植物

种植在室内，但阳光还是少，故需选择耐阴植物。

12) 屋顶花园植物

一般植物根系浅，30～40cm，最多100cm；重量要轻。如：木香、凤尾丝兰、金银花、八宝景天等。

## 本章小结

本章对通过对园林植物功能、分类作了较详细的阐述，具体内容包括学园林植物的生态、美学、空间、经济功能；自然分类系统与人为分类系统。

本章的教学目标是使学生了解园林植物的生态、美学、空间、经济功能，自然分类系统；掌握园林植物按照生长特性、观赏、用途和生长习性分类。

## 习　题

1．填空题

(1) 叶序的主要类型有：________、________和________。

(2) 自然分类法采用的分类单位有：________、________、和________等。

(3) 植物依据光照强度来因子分类可分为________、________和________三种类型。

(4) 世界五大公园树种是________、________、________、________和________。

2．请将下列植物按照园林用途分类进行分类？

樟树　　桂花　　月季　　杜鹃　　结缕草　　鸢尾　　银杏　　杜英

3．单选题

(1) 枝红色的树木有(　　)。
A.红瑞木　　B.棕竹　　C.梅　　D.三角枫
(2) 属于芳香类的植物是(　　)。
A.山茶　　B.橡皮树　　C.桂花　　D.月季
(3) 下列树种中属于红色花的是(　　)。
A.白玉兰　　B.广玉兰　　C.紫薇　　D.栀子花
(4) 属于春色叶树种的是(　　)。
A.黄栌　　B.金心黄杨　　C.鸡爪槭　　D.山麻杆
(5) 下列植物中可观花也可观果的植物是(　　)。
A.柿子　　B.石榴　　C.桃　　D.山茶
(6) 能在碱性土壤中生长良好的植物是(　　)。
A.含笑　　B.杜鹃　　C.白兰花　　D. 黄刺玫

4．简答题

(1) 比较自然分类系统和人为分类系统，并举例说明各自的优势。
(2) 园林植物的功能有哪些？并举例说明。
(3) 观叶植物的按照叶色可以分为哪些类型？并举例说明。

5．实训题

调查校园中10种不同植物，描述其形态特征并按照生长特性对其进行分类。

# 第2章　乔木类

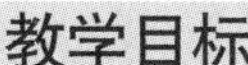


通过对乔木的学习，了解乔木的定义、常见的应用形式；识别常见的乔木；熟知常见的园林乔木的习性及其应用范围；能够合理进行配置。

## 教学要求

| 能力目标 | 知识要点 | 权重 |
| --- | --- | --- |
| 了解乔木的定义 | 定义 | 5% |
| 了解常见的应用形式 | 行道树、庭荫树等应用形式 | 10% |
| 识别常见的乔木 | 常绿乔木、落叶乔木的识别特征 | 30% |
| 熟知常见的园林乔木的习性及其应用范围 | 常绿乔木、落叶乔木的习性及其应用范围 | 35% |
| 能够合理进行配置 | 根据行道树、庭荫树等要求进行选择 | 20% |

## 章节导读

乔木是植物景观营造的骨干材料，形体高大，枝叶繁茂，绿量大，生长周期长，景观效果突出，乔木树种的选择及其配置形式反映了一个城市或地区植物景观的整体形象和风貌，是植物景观营造首先要考虑的因素。随着社会的发展，在园林绿化中得到应用的乔木种类越来越丰富(图2.1、图2.2)。

图2.1　香花槐

图2.2　七叶树

### 知识点滴：园林意境与植物

意境是中国园林艺术创作和鉴赏的一个极重要的美学范畴。所谓“意境”，意是寄情，境是遇物。情由景生，境由心造，情景交融而产生意境。意境，可以说是中国园林创作的艺术精华。意境使园林形象有了灵魂，充满了生气；景不再是可以一览无余的固定物质形态，而是散发出深韵情致的精神形态。

园林植物具有优美的形象，人们从对景象的直觉开始，通过联想而深化展开，能够产生生动优美的园林意境，这是由于造园者倾注了主观的思想情趣。“几处早莺争暖树，谁家新燕啄春泥。乱花渐欲迷人眼，浅草才能没马蹄。最爱湖东行不足，绿杨荫里白沙堤”。白居易在诗中用“暖树”、“乱花”、“浅草”、“绿杨”描绘出一幅生机盎然的西湖春景。“竹外桃花三两枝，春江水暖鸭先知”，苏轼用青竹与桃花带来春意。“空山不见人，但闻人语响，返景入深林，复照青苔上”。“独坐幽篁里，弹琴复长啸，深林人不知，明月来相照”。王维用深林、青苔、幽篁这些植物构成多么静谧的环境，杜甫的“两个黄鹂鸣翠柳，一行白鹭上青天。”景色清新，色彩鲜明；陆游的“山重水复疑无路，柳暗花明又一村”，用植物构成多么美妙的景色。而张继的“月落乌啼霜满天，江枫渔火对愁眠。姑苏城外寒山寺，夜半钟声到客船。”所描绘的江枫渔火、古刹钟声的景色，引得大批日本友人飘洋过海前来游访，这是诗的感染力，但诗的灵感源于包括以植物为主构成的景象。

随着时间的推移，人们从欣赏植物景观形态美逐步到意境美。很多古代诗词及民间习俗中都留下了赋予植物人格化的优美篇章，不但含义深邃，而且达到了天人合一的境界。传统的松、竹、梅配植形式，谓之“岁寒三友”，因为人们这三种植物视作具有共同的品格。松苍劲古雅，不畏霜雪风寒的恶劣环境，能在严寒中挺立于高山之巅，具有坚贞不屈、高风亮节的品格，因此在园林中常用于烈士陵园，纪念革命先烈。故园景中有万壑松风、松涛别院、松风亭等。竹是中国文人最喜爱的植物。“未曾出土先有节，纵凌云处也虚心”、“群居不乱独立自峙，振风发屋不为之倾，大旱干物不为之瘁，坚可以配松柏，劲可以凌霜雪，密可以泊晴烟。疏可以漏霄月，婵娟可玩，劲挺不回”。因此竹被视作最有气节的君子。难怪苏东坡“宁可食无肉，不可居无竹”。园林景点中如“竹径通幽”最为常用。梅更是广受人民喜爱的植物。元代杨维桢赞其“万花敢向雪中出，一树独先天下春”；陆游词中“无意苦争春，一任群芳妒”，赞赏梅花不畏强暴的素质及虚心奉献的精神；陆游词中的“零落成泥碾作尘，只有香如故”表示其自尊自爱、高洁清雅的情操；陈毅诗中“隆冬到来时，百花迹已绝，红梅不屈服，树树立风雪”，象征其坚贞不屈的品格。

此外，梅、兰、竹、菊被称为“四君子”，梅花清标韵高，竹子节格刚直，兰花幽谷品逸，菊花操节清逸；玉兰、海棠、桂花相配，寓意“玉堂富贵”；玉兰、海棠、迎春、牡丹、芍药、桂花象征“玉堂春富贵”。古人根据植物的生长习性，再加上丰富的想象，赋予植物以人的品格，这使得植物景观不仅仅停留于表面，而是具有深层次的内涵，为植物配置提供了一个依据，也为游人提供了一个想象的空间。

## 2.1 概论

### 引例

让我们来看看以下现象：

在某住宅小区设计中设计师在离住宅50cm设计种植大桂花，为什么会遭到住户的强烈反对？

### 2.1.1 概述

乔木是指树体高大(在6m以上)，具有明显的高大主干者。按照植株的高低可分为：巨乔(31m 以上)、大乔木(21～30m)、中乔木(11～20m)、小乔木(6～10m)；还可按生长速度分为速生、中生和慢生树等，如银杏、广玉兰、雪松、樟树等。

### 2.1.2 乔木常见的应用形式

“园林绿化，乔木当家”，乔木体量大，占据园林绿化的最大空间，乔木树种的选择及其种植类型反映园林空间的结构构成。乔木的配置千变万化，在不同地区、不同场合、不同地点，由于不同的目的和要求，可有多样的组合与种植方式，因此乔木也具有多种的应用形式。

### 1. 作为园景树使用

园景树是指具有较高观赏价值，通常一棵或者成片种植，在园林绿地中能独自构成美好景观的树木。园景树一般树形高大，姿态优美；或者花果艳丽、叶色丰富。园景树在使用中除注重其生态功能和经济效益之外，景观效果是最主要的考虑因素，应用原则也是灵活多变的。

### 2. 作为庭荫树使用

庭荫树又称为庇荫树，是指树冠高大，枝条浓密，能够形成较大绿荫的高大乔木。庭荫树一般以遮阴为主要目的，主要功能是形成绿荫以降低气温，供游人纳凉，避免阳光曝晒，并提供良好的休憩和娱乐环境。同时，由于树干苍劲、荫浓冠茂，可形成美丽的景观，因而也具有装饰作用。

庭荫树一般选择枝繁叶茂、绿荫如盖的落叶树种，其中以阔叶树种为佳，如能兼备观花或品果等功能则更为理想；另外，部分枝叶疏朗的常绿树种，也可作为庭荫树应用，但在具体配置时要注意与建筑物南窗等主要采光部位的距离不能太近，还要考虑树冠大树体高矮对冬季太阳入射光线的影响程度。

**特别提示**

引例的解答：在庭荫树的使用过程中要注意离住宅的远近，太近会影响一楼住户的采光和安全。

### 3. 作为行道树使用

行道树作为道路功能的配套设施是十分必要的，它对于提高道路的服务质量，改善区域生态环境，消除噪声、净化空气、调节气候、涵养水源以及构成道路绿化景观都有重要作用。全世界行道树几乎都是乔木。行道树一般应选择树形整齐，枝叶茂盛，冠大荫浓；树干通直，花、果、叶无异味，无毒、无刺激；生长迅速，移栽成活率高，耐修剪，养护容易，对有害气体耐性强，病虫害少，能够适应当地环境条件的树种。

目前，在行道树的应用上，我国大都在道路的两侧以整齐的行列式进行种植。即在配置上一般采用规则式，其中又可分为对称式及非对称式。当道路两侧条件相同时多采用对称式(双行式、双排式、多排式)，否则可用非对称式(单行式、单排式、单边多排式等)。如果道路较窄，只有一侧种植时，就北半球地区而言，如东西向道路，树应配置在路的南侧；如果是南北向的路，则可在道路两侧交叉种植。有时候也可因地制宜，采用自然式的方法自由配置。

### 4. 成为绿化空间的骨架树种

乔木是园林绿化设计中的基础和主体，乔木选择和配置得合理就能形成整个园景的绿化景观框架。大乔木遮荫效果好，可以屏蔽建筑物等大面积不良视线，而落叶乔木冬季能透射阳光。中小乔木宜作背景和风障，也可用来划分空间、框景，它尺度适中，适合作主景或点缀之用。也可与形状有对比的植物如球形的植物相配，还能与亭、塔相配成相互呼应之势。如樱花花色美丽，可孤植观赏，在草坪上散植形成疏林草地景观，效果更佳。如垂枝形具有明显悬垂或下弯的细长枝条，如垂柳、龙爪槐、垂枝梅细长下垂的枝条随风拂动能形成飘逸、优雅的感受，最宜植于水边或者作为独赏树用，往往给人以清新的心理感受。

## 2.2 常见的乔木

### 引例

让我们来看看以下现象：

(1) 在某校园春季种植100株乐昌含笑，土壤黏结为碱性，种植后精心养护，但不久出现部分死亡现象。

(2) 某地势比较低的存在积水地方种植了桃，不久桃就大量出现流胶病的现象，如图2.3所示，请分析原因。

图2.3 桃流胶病

### 2.2.1 常绿乔木

#### 1. 雪松 Cedrus deodara

(1) 科属。松科雪松属。

(2) 形态特征。大枝一般平展，为不规则轮生，小枝略下垂。树皮灰褐色，裂成鳞片，老时剥落。叶在长枝上为螺旋状散生，在短枝上簇生。叶针状，质硬，先端尖细，叶色淡绿至蓝绿。雌雄异株，稀同株，花单生枝顶。球果椭圆至椭圆状卵形，成熟后种鳞与种子同时散落，种子具翅。花期为10～11月，雄球花比雌球花花期早10天左右，球果次年10月成熟，如图2.4所示。

(3) 生态习性。较喜光，幼年稍耐庇荫，大树顶端要求有充足的光照，否则易生长不良或枯萎，寿命较长。抗寒性较强，大苗可耐-25℃的短期低温。对土壤要求不严，深厚肥沃疏松的土壤最适宜其生长；亦可适应黏重的黄土和瘠薄干旱地，但长势不佳。耐干旱，不耐水湿，积水的凹地和地下水位高的地方生长不良，甚至死亡。浅根性，抗风力差。对二氧化硫、氟化氢反应敏感，可作为环境监测树种。

(4) 观赏特性与园林用途。树体高大雄伟，树姿优美、挺拔、苍翠、秀丽潇洒，为世界五大园景树之一，也是优良的行道树种之一。可在广场、公园、绿地、建筑物、殿堂、陵园广为栽植，孤植、群植、对植、列植都能形成壮观而又优美的效果。其主干下部的大枝平展，长年不枯，能形成繁茂雄伟的树冠，最宜孤植于草坪中央、建筑前庭中心、广场中心或主要大建筑物的两旁及园门的入口等处，以观赏树形。此外，也可丛植，或列植于园路的两旁，形成甬道，非常庄严雄伟。

(a)

(b)

图2.4　雪松

2．马尾松 Pinus massoniana

(1) 科属。松科松属。

(2) 形态特征。高达40m。树冠壮年期呈狭圆锥形，老年期则呈伞形；树皮下部灰褐色，上部红褐色，呈不规则裂片。冬芽圆柱形，前端褐色。叶针形，2针一束，罕3针一束，质软，叶缘有细锯齿，树脂道边生，叶鞘宿存。球果长卵圆形，成熟时栗褐色。种子有长翅。花期4～5月；球果次年10～12月成熟，如图2.5所示。

(a)

(b)

图2.5　马尾松

(3) 生态习性。强阳性；喜温暖湿润气候，不甚耐寒；耐干旱瘠薄；忌水涝及盐碱，喜酸性土壤；深根性，生长较快。

(4) 观赏特性与园林用途。树形高大雄伟，树冠如伞，姿态古奇。适于栽植在山涧、岩际、池畔及道旁，孤植或丛植在庭前、亭旁、假山之间。是江南及华南自然风景区习见绿化树种及造林的先锋树种。

### 3. 黑松 Pinus thunbergii

(1) 科属：松科松属。

(2) 形态特征：高达35m。树冠幼时呈狭圆锥形，老时呈扁平的伞状。幼树树皮暗灰色，老则灰黑色，粗厚，裂成块片脱落。枝条开展，树冠宽圆锥状或伞形。一年生枝淡褐黄色，无毛。冬芽银白色；芽鳞披针形或条状披针形，边缘白色丝状。针叶2针一束，深绿色，粗硬；叶鞘宿存。球果熟时褐色，圆锥状卵圆形或卵圆形，有短梗，向下弯垂。种子倒卵状椭圆形，种翅灰褐色，有深色条纹。花期4～5月，球果次年10月成熟，如图2.6所示。

(a)

(b)

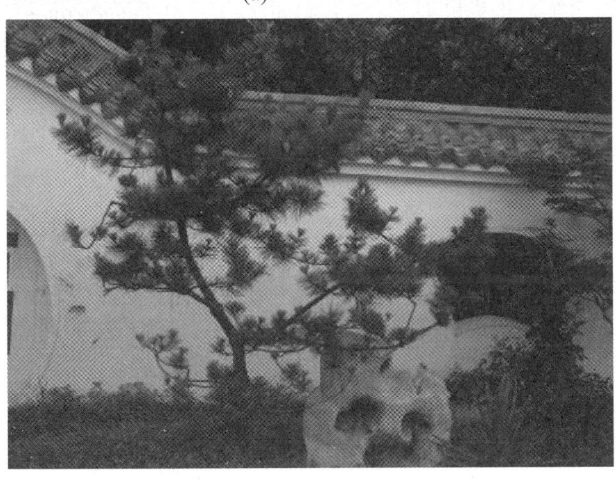
(c)

(d)

图2.6 黑松

(3) 生态习性。喜光树种，幼年期稍耐庇荫，喜温暖湿润的海洋性气候，耐海潮风和海雾。根系发达，穿透力强，有根菌共生，较耐干旱和瘠薄，喜深厚肥沃，排水良好的酸性、中性土壤。不耐水湿，在水分过多的条件下生长不良，甚至烂根死亡。对病虫害抗性较强，对二氧化硫和氯气抗性强。寿命达百年以上。

(4) 观赏特性与园林用途。针叶终年苍绿，树冠宽阔美丽，具防风沙和保持水土的效能，是优良的海岸防护林绿化树种，可做防风、防潮、防沙林带及海滨浴场附近的风景林、行道树或庭荫树。易造型，还可用于制作树桩盆景。

### 4. 侧柏 Platycladus orientalis

(1) 科属。柏科侧柏属。

(2) 形态特征。高达20m。干皮淡灰褐色，条片状纵裂。小枝排成平面。全部鳞叶，叶二型，中央叶倒卵状菱形，背面有腺槽，两侧叶船形，中央叶与两侧叶交互对生，雌雄同株，雌雄花均单生于枝顶，球果阔卵形，近熟时蓝绿色被白粉，种鳞木质，红褐色，种鳞4对，熟时张开，背部有一反曲尖头，种子卵形，灰褐色，无翅，有棱脊。幼树树冠卵状尖塔形，老时广圆形，叶、枝扁平，排成一平面，两面同型。花期3～4月，种熟期9～10月，如图2.7所示。

(a)

(b)

(c)

图2.7　侧柏((a),(b)：千头柏 (c)：侧柏)

(3) 常见栽培变种：千头柏：丛生灌木，无明显主干，树冠紧密，近球形；小枝片明显直立。洒金千头柏：灌木，矮生密丛，树冠卵形，高约1.5m；嫩枝叶黄色。常植于庭园观赏。窄冠侧柏：枝向上伸展，形成柱状树冠；叶亮绿色，生长旺盛。

(4) 生态习性：喜光，幼时稍耐阴，适应性强，对土壤要求不严，在酸性、中性、石灰性和轻盐碱土壤中均可生长。耐干旱瘠薄，萌芽力强，耐寒力中等。浅根性，抗风能力较弱，侧根发达；萌芽力强、耐修剪；生长较慢，寿命长；抗烟尘，抗二氧化硫、氯化氢等有害气体。

(5) 观赏特性与园林用途。枝干苍劲，气魄雄伟，是我国最广泛应用的园林树种之一。由于常绿、树姿优美且寿命长，有万古长青、永垂不朽之寓意，因此，自古以来常栽植于寺庙、陵寝墓地之中，在风景名胜区中常见侧柏古树自成景物；也用于庭园中或作绿篱材料。园林中其配置方式可纯林种植、行列植、孤植，也可以混交林配置应用。

### 5. 圆柏 Sabina chinensis

(1) 科属。柏科圆柏属。

(2) 形态特征。树冠尖塔形或圆锥形，老树则成广卵形、球形或钟形。树皮灰褐色，呈浅纵条剥离。小枝直立或斜生，老枝常扭曲状。叶二型，在幼树上全为刺形，刺叶常3枚轮生，随着树龄的增长刺形叶逐渐被鳞形叶代替，鳞叶多见于成年树或老枝上，鳞叶交互对生。球果被白粉。花期3～4月，果期10月，如图2.8所示。

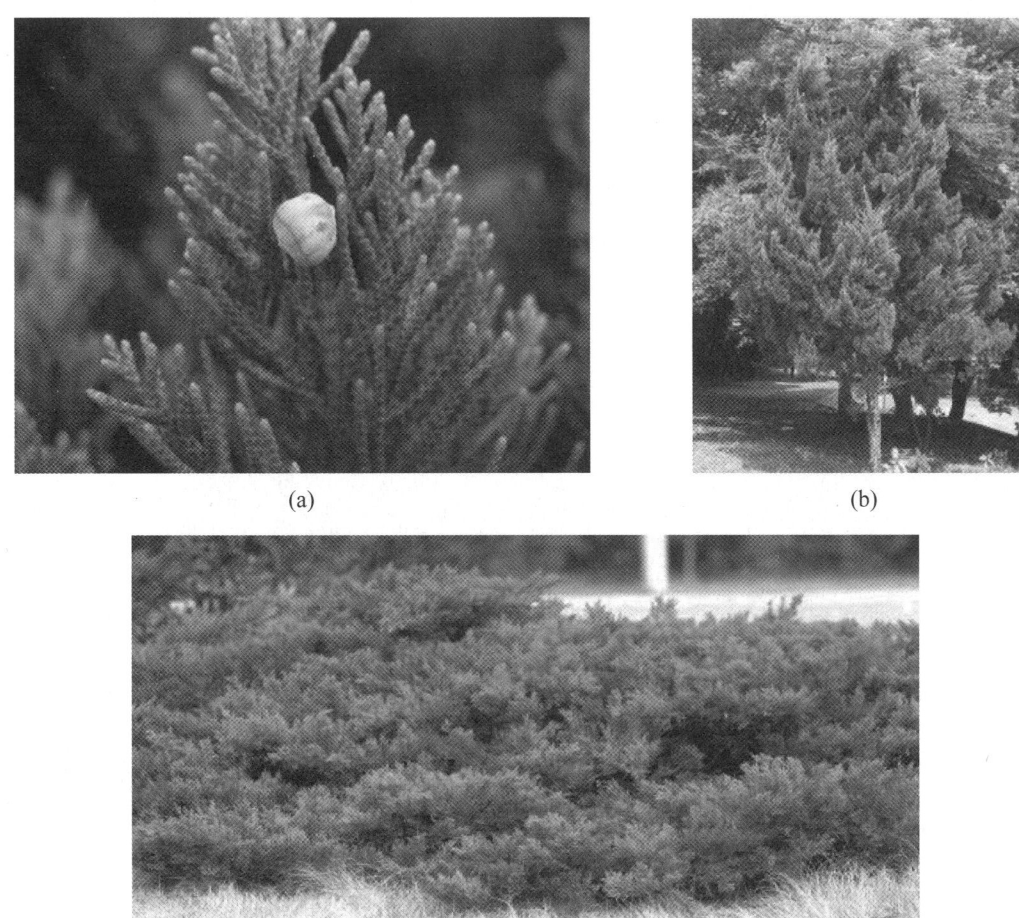

(a) (b) (c)

图2.8 圆柏((a),(b)：龙柏；(c)：匍地龙柏)

(3) 常见栽培品种。龙柏：树形呈圆柱状，小枝扭曲上伸，枝密，全为鳞叶，密生，幼叶淡黄绿，后呈翠绿色；球果蓝黑，略有白粉。匍地龙柏（Kaizuca Procumbens）：鳞叶为主，无直立主干，植株就地平展。鹿角桧：丛生灌木，干枝自地面向四周斜展、上伸，风姿优美，适应自然式园林配植。塔柏：树冠圆柱形，枝向上直伸，密生；叶几全为刺形。

(4) 生态习性。喜光，但耐阴性很强。耐干旱和瘠薄、耐寒、耐热、耐修剪。对土壤要求不严，以在中性、深厚而排水良好处生长最佳。深根性，侧根发达，生长速度中等，寿命极长。对多种有害气体有一定抗性，对氯气和氟化氢抗性较强。

(5) 观赏特性与园林用途。圆柏树形优美，老树干枝扭曲，可独树成景，在我国古典园林和欧美各国园林中广为应用。在我国多配植于庙宇、陵墓作墓道树或柏林，宜与宫殿式建筑相配合，是我国古典园林中不可缺少的观赏树。枝叶浓密，幼树树冠呈尖塔形，成年树则有多种形态，易于修剪成各种造型，为著名的园景种。常列植或片植于公园、陵园及纪念堂等地。此外，可作绿篱。也可经盘扎整形作盆景或桩景，具有较高观赏价值。栽培品种龙柏为常绿小灌木，生长较为缓慢，比较耐修剪，观赏价值较高，在园林中应用广泛，常用做绿篱、模纹花坛、基础栽植、花境等。

### 6. 柏木 Cupressus funebris

(1) 科属。柏科柏木属。

(2)形态特征。高达35m，树皮淡褐灰色，裂成窄长条片；树冠狭圆锥形；小枝细长下垂，圆柱形，生鳞叶的小枝扁平，排成一平面，两面均绿色。鳞叶先端锐尖，交互对生，叶背中部有线状腺点。雌雄同株，球果近球形，熟时开裂。种鳞木质顶端为不规则五边形或方形，中央有短尖头或无；种子近圆形，淡褐色，有光泽，两侧有窄翅。花期3～5月，球果次年5～6月成熟，如图2.9所示。

(a)

(b)

(c)

图2.9　柏木

(3) 生态习性。阳性树，喜光，稍耐阴；喜温暖湿润气候，不耐寒；最适于深厚肥沃的钙质土壤，是亚热带地区石灰岩山地钙质土的指示树种；对土壤适应力强，耐干旱瘠薄，略耐水湿。浅根性，萌芽力强，耐修剪，抗有毒气体能力强，生长快，寿命长。

(4) 观赏特性与园林用途。树冠浓密，枝叶下垂，树姿优美，可孤植、丛植、群植，最适于在陵园、名胜古迹和自然风景区成片栽植，形成柏木森林景色；也可以对植、列植于园路、庭园入口两侧形成甬道。

### 7. 罗汉松 Podocarpus macrophyllus

(1) 科属。罗汉松科罗汉松属。

(2) 形态特征。高达20m，树皮灰色或灰褐色，浅纵裂，成薄片状脱落。枝叶稠密，枝条开展或斜展，小枝密被黑色软毛或无。叶线状披针形，微弯，螺旋状排列，先端尖，基部楔形，上面深绿色，中脉显著隆起，下面灰绿色，被白粉。雌雄异株，雄球花穗状，常2～5簇生于叶腋；雌球花单生，有梗。种子卵圆形，熟时假种皮紫黑色，被白粉，肉质种托柱状椭圆形，红或紫红色，长于种子，种柄长于种托。花期4～5月，种子8～10月成熟，如图2.10所示。

(3) 变种：短叶罗汉松：小乔木或成灌木状，枝条向上斜展。叶短而密集，长2.5～7 cm，宽3～7 mm，先端钝或圆。叶小枝密，可作盆栽或绿篱用。狭叶罗汉松：灌木或小乔木。叶较窄，长5～9 cm，宽3～6 mm，先端渐窄成长尖头，基部楔形。

(4) 生态习性。中性树种，较耐阴；喜温暖湿润气候，耐寒性较差，喜肥沃湿润、排水良好而土层深厚的酸性沙质壤土。对有毒气体及病虫害均有较强的抗性，对有害气体抗性为松、柏、杉类中最强者。耐海潮风，在海边也能生长良好。萌芽力强，耐修剪，寿命长。

(5) 观赏特性与园林用途。树形古雅优美，树姿秀丽葱郁，绿色的种子下有比其大数倍的红色种托，犹如披着红色袈裟正在打坐参禅的罗汉，在寺院多有种植。可孤植于庭园作庭荫树，或对植、列植于厅、堂等建筑物前，也可作绿篱和盆景，亦适于工矿及海岸绿化。

(a)

图2.10　罗汉松

(b) (c)

图2.10 罗汉松(续)

## 8. 女贞 Ligustrum lucidum

(1) 科属。木犀科女贞属。

(2) 形态特征。高达15m。树冠卵形，树皮灰绿色，平滑不开裂。枝条开展，光滑无毛。单叶对生，叶革质而脆，卵形、宽卵形、椭圆形或卵状披针形，表面深绿色，有光泽，无毛，叶背浅绿色。圆锥花序顶生，花白色，6～7月开花。浆果状核果近肾形，11～12月果熟，熟时蓝黑色，如图2.11所示。

(a) (b) (c)

图2.11 女贞

(3) 生态习性。深根性树种，须根发达，生长快，萌芽力强，耐修剪，但不耐干旱瘠薄，不耐寒；耐水湿，喜温暖、湿润气候，喜光，稍耐阴；对土壤要求不严，以砂质壤土或黏质壤土栽培为宜，在红、黄壤土中也能生长。对二氧化硫、氯气、氟化氢、铅蒸气及粉尘、烟尘均有较强抗性。

(4) 观赏特性与园林用途。树冠倒卵形，枝叶葱翠，四季常绿，夏季白花满树，芳香四溢，是长江流域常见的绿化树种；可孤植、丛植用作行道树、庭园树或修剪成绿篱，也适宜作厂矿绿化树种。

### 9. 广玉兰 Magnolia grandiflora

(1) 科属。木兰科木兰属。

(2) 形态特征。树冠阔圆锥形，树皮淡褐色或灰色，呈薄鳞片状开裂。枝及小芽有锈色柔毛。叶互生，叶长椭圆形，厚革质，叶表深绿色有光泽，叶背有锈色短柔毛。花大，白色，芳香，呈杯状，花被片12枚，厚肉质，聚合果圆柱状卵形，密被褐色或灰黄色绒毛，果先端具长喙，种子红色。花期5～6月，果期9～10月，如图2.12所示。

(a)

(b)

(c)

图2.12　广玉兰

(3) 生态习性。喜光，幼时稍耐阴。喜温暖湿润气候，有一定的抗寒能力。适生于肥沃、湿润与排水良好的微酸性或中性土壤，在碱性土种植时易发生黄化，忌积水和排水不良。对烟尘及二氧化硫、氯气有较强的抗性，病虫害少。根系深广，抗风力强，寿命较长。

(4) 观赏特性与园林用途。树姿雄伟，四季常青，叶大荫浓，花似荷花，大而香，果成熟后，蓇葖开裂露出鲜红色的种子颇为美观，是优良的园林观赏树种。可孤植于草坪作园景树，对植于建筑物门庭两旁作庭荫树、列植于街道作行道树；可用于庭园、公园、游乐园、陵园、工矿厂区等绿化。

### 10. 深山含笑 Michelia maudiae

(1) 科属。木兰科含笑属。

(2) 形态特征。高达20m。树皮浅灰色或灰褐色；幼枝、芽、叶背及苞片被白粉；叶革质，长圆状椭圆形，叶表深绿色，中脉隆起，网脉致密，叶柄上无托叶痕；花大，白色，芳香，单生叶腋，花被片9，纯白色，基部稍带淡红色；聚合果穗状，蓇葖椭圆体形、倒卵球形或卵球形，顶端钝圆或具短突尖头。花期2～3月，果期10～11月，如图2.13所示。

(3) 生态习性。喜温暖湿润气候，能耐-11℃的严寒；对土壤要求不严，酸性、中性、微碱性的土壤都能生长，但在土层深厚肥沃、排水良好的条件下生长最好，根系发达，萌芽力强，生长速度较快。浅根性，侧根发达。

(4) 观赏特性与园林用途。树形端庄，花大洁白，早春盛开，繁花满树，清香宜人，是优良的早春观花乔木。孤植、列植、丛植均可。

(a)

(b)

(c)

图2.13　深山含笑

## 11. 乐昌含笑 Michelia chapensis

(1) 科属。木兰科含笑属。

(2) 形态特征。高达30m，树皮灰色至深褐色；小枝无毛或幼时节上被灰色微柔毛。叶薄革质，倒卵形、窄倒卵形或长圆状倒卵形，先端短尾尖或短渐钝尖，基部楔形或宽楔形，上面深绿色，有光泽；无托叶痕，叶柄上面具沟。花单生于叶腋，芳香，淡黄色。花梗被灰色平伏微柔毛，具2～5苞片痕；花被片6，2轮。聚合蓇葖果穗状，卵圆形，顶端具短细弯尖头，基部宽。种子红色。花期3～4月，果期8～9月，如图2.14所示。

(3) 生态习性。喜温暖湿润气候，以土壤深厚、肥沃疏松、微酸性的沙质土生长最好，耐寒性一般，在-7℃低温下轻微冻害，生长迅速。

(4) 观赏特性与园林用途。树冠宽广，枝叶紧凑，叶色深绿，树荫浓郁，花美色香。可孤植或丛植于草坪绿地，亦可作行道树。

(a) (b)

图2.14 乐昌含笑

**特别提示**

引例（1）的解答：乐昌含笑喜酸性土壤，根肉质，不耐积水。在黏性土壤上会出现生长不良的现象。

### 12．乐东拟单性木兰 Parakmeria lotungensis

(1) 科属。木兰科拟单性木兰属。

(2) 形态特征。高达30m。全株各部无毛，当年生枝绿色，节间短，具明显的环状托叶痕，呈竹节状。叶革质，倒卵状椭圆形或狭椭圆形，先端急尖或短尾状，基部楔形，沿叶柄下延上面深亮绿色，下面苍绿色；叶柄无托叶痕花杂性，单生枝顶；两性花：聚合果熟时鲜红色，长圆状卵球形，蓇葖沿背缝线全裂；种子椭圆体形或三角状卵球形。花期4～5月，果熟期8～9月，如图2.15所示。

(a) (b)

图2.15 乐东拟单性木兰

(3) 生态习性。喜光，喜温暖湿润环境，适应性强，抗污染；生长较快，病虫害少。

(4) 观赏特性与园林用途。树干端直，树冠塔形，嫩叶紫红色，老叶光洁亮绿，花美丽芳香；为优良的园林绿化树种。

### 13．樟 Cinnamomum camphora

(1) 科属。樟科樟属。

(2) 形态特征。高达50m，树皮幼时绿色，平滑；老时渐变为黄褐色或灰褐色纵裂。冬芽卵圆形。叶薄革质，互生，全缘，两面无毛，卵形或椭圆状卵形，顶端短尖或近尾尖，基部圆形，离基三出脉，近叶基的第一对或第二对侧脉长而显著，背面微被白粉，脉腋有腺点。圆锥花序腋生于新枝，花黄绿色。核果球形，熟时紫黑色，果托盘状。花期4～5月，果期10～11月，如图2.16所示。

(3) 生态习性。喜光，稍耐阴；喜温暖湿润气候及肥沃、深厚、湿润的酸性或中性砂壤土，较耐水湿，耐寒性不强；不耐干旱、瘠薄和盐碱土。萌芽力强，耐修剪。抗二氧化硫、氯气、烟尘能力强，能吸收多种有毒气体。深根性，主根发达，能抗风，生长快，寿命长。

(4) 观赏特性与园林用途。枝叶茂密，冠大荫浓，树姿雄伟，是优良的庭荫树、行道树、风景树及防护林树种，配植于池边、湖畔、山坡及平地均很适宜，孤植草坪旷地，炎夏浓荫覆盖，效果更佳。樟树抗污染能力强，也可作厂矿绿化树种。

(a)

(b)

(c)

图2.16　樟

### 14．天竺桂 Cinnamomum japonica

(1) 科属。樟科樟属。

(2) 形态特征。高达15m，树皮灰褐色，平滑，枝条圆柱形，无毛。叶革质，近对生，卵状长圆形或长圆形披针形，背面有白粉，两面无毛，离基三出脉。树皮和叶均有香味及辛辣味。聚伞花序腋生。果长圆形，紫黑色。花期4～5月；果期7～9月，如图2.17所示。

(3) 生态习性。喜温暖湿润气候．中性偏耐阴，忌阳光暴晒和直射。喜土层深厚、湿润、肥沃及排水良好的微酸性土壤，不耐干旱，忌积水。生长中速，抗污染性强。

(4) 观赏特性与园林用途。树姿优美，枝叶浓密，嫩叶粉红，为优良的园景树和庭园观赏树。

(a)

(b)

图2.17　天竺桂

15. 月桂 Laurus nobilis

(1) 科属。樟科月桂属。

(2) 形态特征。小乔木，高达12m。树冠卵形，小枝绿色；单叶互生，革质，长椭圆形至广披针形，先端尖，全缘，两面无毛，羽状脉，表面暗绿色，有光泽，揉碎有香味，叶柄常带紫色；花单性异株，花小，黄色，成聚伞状花序簇生于叶腋；核果椭圆形，熟时黑色或暗紫色。花期4月，果期9～10月，如图2.18所示。

(a)

(b)

图2.18　月桂

(3) 生态习性。喜光，稍耐阴；喜温暖湿润气候及疏松肥沃的土壤，对土壤要求不严；耐寒性不强，耐干旱；耐修剪，萌芽力强。

(4) 观赏特性与园林用途。树形端正美观，树冠圆整，叶大荫浓，四季常青，春天有黄花缀满枝头，颇为美观。在草坪上孤植、丛植，或在大型建筑物前后列植，或在门旁对植，显得雄伟壮观。宜作庭园绿化及绿篱树种，也可盆栽观赏。

### 16. 杨梅 Myrica rubra

(1) 科属。杨梅科杨梅属。

(2) 形态特征。高达15m，树冠圆球形。树皮灰色，老时浅纵裂。小枝及芽无毛，皮孔通常少而不显著，幼嫩时仅被圆形而盾状着生的腺体。叶厚革质，无毛，常密集于小枝上端部分，呈倒披针形或矩圆状倒卵形，表面深绿色，有光泽，背面色稍淡，有金黄色腺体，先端较钝，全缘或近端部有浅齿；有深红、紫红、白色等叶色。花雌雄异株。雄花序单独或数条丛生于叶腋，圆柱状。雌花序常单生于叶腋，较雄花序短而细瘦。核果球状，外表面具乳头状凸起，外果皮肉质，多汁液及树脂，味酸甜，成熟时深红色或紫红色，核常为阔椭圆形或圆卵形，略成压扁状，内果皮极硬，木质。4月开花，6～7月果实成熟，如图2.19所示。

(3) 生态习性。喜光，稍耐阴，不耐烈日直射。喜温暖湿润气候及酸性土壤，在日照较短的低山谷地酸性砂质壤土生长良好，在微碱性土壤也能适应。不耐寒，要求空气湿度大。对二氧化硫、氯气等有毒气体抗性较强。

(4) 观赏特性与园林用途。优良的观果树种。适宜丛植、孤植于庭院、草坪或列植于路边，也可采用密植方式用作分隔空间的绿墙。或在门庭、院落作点缀，还可选作厂矿绿化及隔音树种。

(a)

(b)

图2.19 杨梅

### 17. 苦槠 Castanopsis sclerophylla

(1) 科属。壳斗科栲属。

(2) 形态特征。高达20m，树冠球形，树皮暗灰色，条状纵裂。小枝绿色，略具棱，无毛。叶厚革质，椭圆形，边缘中部以上有锐锯齿，背面具灰白色蜡层，有光泽，螺旋状排列。雌雄同株，单性，雄花乳白色，有香气。坚果圆锥形，褐色，有细毛；壳斗杯形，幼时全包坚果，成熟时包围坚果3/4～4/5；苞片三角形，顶端针刺形，排列成4～6个同心环带。 花期5月，10月果熟，如图2.20所示。

(3) 生态习性。喜光，稍耐阴；在深厚湿润而排水良好的中性和酸性土壤发育正常，也耐干旱瘠薄。深根性，主根发达，萌芽力极强。生长较慢，寿命长。抗二氧化硫等有毒气体；有较好的防尘、隔声及防火性能。

(4) 观赏特性与园林用途。树姿雄伟，树冠圆浑，树干高耸，枝繁叶密，四季常绿。适于孤植、丛植于草坪或山麓坡地，如植于树丛和林片中作常绿基调树种，或为花木丛的背景树。可作隔噪音林带的上层树种；它对二氧化硫等有毒气体抗性强，且具有防尘抗烟的能力，亦可用于厂矿绿化和营造防护林。

(a)

(b)

图2.20 苦槠

### 18. 青冈栎 Cyclobalanopsis glauca

(1) 科属。壳斗科青冈属。

(2) 形态特征。高达20m，树皮灰褐色，平滑，小枝青褐色，无棱，幼时有毛，后脱落。叶倒卵状椭圆形或椭圆形，叶缘中部以上有锯齿，叶背被白粉和平伏毛。花单性，雌雄同株，雄花序为下垂的柔荑花序，花期4～5月。坚果卵形或椭圆形，生于杯状壳斗中，壳斗碗形，外壁具5～7条同心环带，10～11月果熟，如图2.21所示。

(3) 生态习性。大树喜光，幼树较耐阴；喜温暖湿润气候及肥沃土壤，贫瘠土壤生长不良。幼年生长慢，5年后生长加快。深根性。萌芽力强，耐修剪。抗有毒气体能力较强。

(4) 观赏特性与园林用途。树冠宽卵形，枝叶茂密，终年常绿，树姿优美，为优良的园林绿化树种，宜丛植或成片栽植，可作为防风、防火树种栽植，也可栽作绿篱或绿墙，还可用于工矿区绿化。

图2.21 青冈栎

### 19. 石楠 Photinia serrulata

(1) 科属。蔷薇科石楠属。

(2) 形态特征。高达12m，枝灰褐色，叶革质，长椭圆至倒卵状椭圆形，先端尾尖，缘疏生具腺细锯齿，近基部全缘，幼叶带红色。复伞房花序顶生，花白色，花期4～5月。果球形，红色，后呈褐紫色，果熟期10月，如图2.22所示。

(a)

(b)

(c)

图2.22 石楠

(3) 生态习性。喜温暖湿润及阳光充足的环境，能耐短期-15℃低温，较耐阴，适生于土层深厚、肥沃、排水良好砂质土壤，也耐干旱瘠薄，不耐水湿。萌芽力强，耐修剪。对烟尘和有毒气体有一定的抗性。

(4) 观赏特性与园林用途。树冠球形，枝叶浓密，初春嫩叶紫红，春末白花点点，秋日红果累累，极富观赏价值，是著名的园林绿化树种。可孤植、丛植、片植、列植或作基础种植；可植于草坪、庭院、路边、坡地等处。丛生类型也可以密植于空间边界做围墙使用，或列植作树墙分隔空间等，效果良好；也可植于建筑物墙基周边，具有良好效果。

### 20. 枇杷 Eriobotrya japonica

(1) 科属。蔷薇科枇杷属。

(2) 形态特征。小乔木。小枝密生锈色绒毛。叶革质，倒披针形、倒卵形至矩圆形，先端尖或渐尖，基部楔形或渐狭成叶柄，边缘上部有疏锯齿，表面多皱、绿色，背面及叶柄密生灰棕色绒毛。圆锥花序顶生，花梗、萼筒皆密生锈色绒毛，花白色，芳香，花期11月至次年2月。果球形或矩圆形，黄色或橘黄色，果熟期5月~6月，如图2.23所示。

(a)

(b)

图2.23　枇杷

(3) 生态习性。原产亚热带，要求较高的温度，年平均气温12℃以上即能正常生长。枇杷对土壤要求不严，适应性较广，一般土壤均能生长结果，但以含砂或石砾较多疏松土壤生长较好。

(4) 观赏特性与园林用途。树形整齐美观，叶大浓荫，是南方庭院的良好的观赏树种，可丛植或群植于草坪边缘，湖边池畔，山坡等阳光充足处。

## 21. 花榈木 Ormosia henryi

(1) 科属。豆科红豆树属。

(2) 形态特征。高达15m。树皮平滑，有浅裂纹，带灰绿色，奇数羽状复叶，小叶革质，长椭圆形或倒披针形，上表深绿，光滑无毛，下表及叶柄密被灰黄色绒毛，总状花序腋生或组成圆锥花序顶生，花蝶形，花瓣5，淡绿色，花柱线形，柱头偏斜；荚果扁平，长椭圆形，种子1～8粒，种皮鲜红色，有光泽；花期7～8月，果期10～11月，如图2.24所示。

(3) 生态习性。喜温暖湿润的气候，耐寒性较强。在酸性、中性土壤均能正常生长。幼树较耐阴，大树喜光。喜土壤湿润。忌干燥。萌芽力强，经多次砍伐或火烧后仍可萌发。根有固氮菌，能改良土壤。

(4) 观赏特性与园林用途。树形姿态优美，主干修长耸直，枝繁叶茂，四季翠绿，羽叶轻盈婆娑，夏日繁花满树，秋季裂开的荚果上附着鲜红艳丽的种子，悬挂绿叶丛中，颇为美观，可作为行道树、庭荫树、园景树，孤植、列植、丛植均适宜，或在山地风景区片植组成风景林。

(a) (b) (c)

图2.24 花榈木

## 22. 冬青 Ilex chinensis

(1) 科属。冬青科冬青属。

(2) 形态特征。高达13m，树干通直，树皮灰青色，平滑不裂，小枝淡绿色，无毛。单叶互生，叶薄革质，长椭圆形至披针形，先端渐尖，疏生浅齿，干后呈红褐色，有光泽；叶柄常淡紫红色，叶面深绿色，有光泽。雌雄异株，聚伞花序生于当年生嫩枝叶腋，花淡紫红色。核果椭圆形，成熟时深红色。花期5～6月，果熟期10～11月，如图2.25所示。

(3) 生态习性。喜光，喜温暖气候，有一定耐寒力。适生于肥沃湿润、排水良好的酸性土壤，较耐阴湿，萌芽力强，耐修剪。对二氧化硫抗性强；深根性，抗风力强。

(4) 观赏特性与园林用途。树冠高大，枝叶浓密，树形整齐。四季常青，秋冬红果累累，宜作庭荫树、绿篱，也可孤植于草坪、水边，列植于门庭、甬道；还可作盆景观赏。

(a)

(b)

(c)

图2.25 冬青

23. 木荷 Schima superba

(1) 科属。山茶科木荷属。

(2) 形态特征。树冠广圆形，主干端直。树皮灰褐色，深纵裂。幼枝无毛，或近顶端有细毛。叶厚革质，互生，椭圆形或倒卵状椭圆形，两面无毛，深绿色，有光泽，边缘有钝锯齿。花白色，单独腋生或集生枝顶，芳香美丽，花期6～8月。蒴果近扁球形，木质；萼宿存，次年10月成熟，黄褐色，如图2.26所示。

(a)

(b)

图2.26 木荷

(3) 生态习性。喜光，耐阴，喜温暖湿润气候；喜生于土层深厚、土壤肥沃、富含腐殖质的酸性黄壤山地，在碱性土质及瘠薄石砾坡地生长不良。幼苗极需荫蔽而忌水湿。速生，5～10年间生长最快。耐干旱，较耐寒，抗风力强，抗污染。

(4) 观赏特性与园林用途。树干端直，冠形宽阔，夏初开白花，春叶及秋叶色红艳可爱。适宜与其他常绿树混植。对有毒气体有一定抗性，适宜厂矿、街道绿化。叶质厚不易燃烧，为营造防火林带的优良树种。

### 24. 桂花 Osmanthus fragrans

(1) 科属。木犀科木犀属。

(2) 形态特征。高达12m。树皮灰色，不裂。单叶对生，叶长椭圆形，两端尖，缘具疏齿或近全缘，硬革质；花簇生叶腋或聚伞状，花小，黄白色，有浓香。核果椭圆形，紫黑色。花期9～10月，果次年3～4月熟，如图2.27所示。

(3) 变种。金桂：花黄色至深黄色香气最浓，经济价值高。丹桂：花橘红色或橙黄色，发芽较迟。银桂：花近白色，香味较金桂淡；叶较宽大。四季桂：花白色或黄色，花期5～9月，可连续开放数次。

(4) 生态习性。喜光，稍耐阴；喜温暖湿润环境，不耐寒。宜在土层深厚、排水良好、肥沃、富含腐殖质的偏酸性沙质壤土中生长，不耐干旱瘠薄，忌涝地、碱地和黏重土壤。不耐烟尘危害，对二氧化硫、氯气有中等抵抗能力，受害后往往不能开花。

(5) 观赏特性与园林用途。终年常绿，枝繁叶茂，秋季开花，芳香四溢，是深受我国人民喜爱的传统名花之一。园林中应用广泛，常作园景树，配置方式孤植、对植、丛植等，可与建筑物、山石相配。我国古典园林中常于庭前对植两株，取“双桂当庭”或“双桂留芳”之意。现代园林中也常将桂花植于道路两侧、假山、草坪等处，也可大面积栽植形成主题景点。也可盆栽，制作盆景，用于布置会场、大门或广场摆放皆可。

(a)

(b)

(c)

图2.27　桂花

## 25. 杜英 Elaeocarpus decipiens

(1) 科属。杜英科杜英属。

(2) 形态特征。树皮深褐色、平滑，小枝红褐色，树冠紧凑，近圆锥形，枝叶茂密。其叶革质披针形，秋冬至早春部分树叶转为绯红色，红绿相间，鲜艳悦目。单叶互生，叶形为长椭圆状披针形，钝锯齿缘，表面平滑无毛，羽状脉；总状花序腋生，花黄白色，下垂，花瓣4～5片，顶端细裂如丝与萼片近等长，花期6～7月。核果椭圆形，果期初冬，如图2.28所示。

(a) (b)

图2.28 杜英

(3) 生态习性。适应性强，耐干旱，能在中亚热带中低海拔地区广泛种植。耐阴，喜温暖湿润气候，耐寒性不强。适生于酸性黄壤和红黄壤山区。深根性，根系发达，不耐水湿，萌芽力强，耐修剪，生长速度较快。对二氧化硫抗性强。

(4) 观赏特性与园林用途。树冠圆整，枝叶繁茂，秋冬以及早春都有部分叶片变为绯红色，红绿相间，鲜艳夺目，宜丛植、群植、对植于草坪、林缘、坡地、路口，或列植形成绿墙。

## 26. 柚 Citrus grandis

(1) 科属。芸香科柑桔属。

(2) 形态特征。高达10m。小枝有毛，刺较大。叶卵状椭圆形，叶缘有钝齿，叶柄具宽大倒心形之翅。两性花白色，单生或簇生叶腋。果极大，球形、扁球形或梨形，果皮平滑，淡黄色。春季开花，果9～10月成熟，如图2.29所示。

(3) 生态习性。喜暖热湿润气候及深厚、肥沃而排水良好的中性或微酸性砂质壤土或黏质壤土，但在过分酸性及黏土地区生长不良。不耐旱，不耐瘠薄，较耐湿。

(4) 观赏特性与园林用途。为亚热带重要果树之一，系常绿香花树种。硕大的果实且有很强的观赏价值，是江南园林中的地栽观果树种。

(a)

(b)

图2.29 柚

### 27. 柑橘 Citrus reticulate

(1) 科属。芸香科柑橘属。

(2) 形态特征。小枝较细弱，无毛，通常有刺。叶长卵状披针形，叶端渐尖而钝，叶基楔形，全缘或有细钝齿；叶柄近无翼。花黄白色，单生或簇生叶腋。果扁球形，橙黄色或橙红色；果皮薄易剥离。春季开花，10～12月果熟，如图2.30所示。

(3) 生态习性。喜温暖湿润气候，耐寒性较柚、酸橙、甜橙稍强，是中国著名果树之一。

(4) 观赏特性与园林用途。四季常青，枝叶茂密，树姿整齐，春季满树盛开香花，秋冬黄果累累，黄绿色彩相间，极为美丽。除专门作果园经营外，也宜于供庭园、绿地及风景区栽植，既有观赏效果，又能获得经济收益。

(a)

(b)

(c)

图2.30 柑橘

### 28. 柞木 Xylosma japonicum

(1) 科属。大风子科柞木属。

(2) 形态特征。树皮棕灰色，片状剥落，树冠圆形。分枝密集，具枝刺，小枝平滑，被棕黄色柔毛。叶互生革质，卵形或椭圆状卵形，先端突渐尖，基部宽楔形或近圆形，缘有钝锯齿，两面光滑无毛。花单性，腋生，雄雌异株；花小，聚伞花序集成为总状。浆果球形，熟时黑色。花期6～8月，果期10～12月，如图2.31所示。

(3) 生态习性。喜温暖、湿润气候，喜光，稍耐阴；较喜肥，在较为干燥、排水良好的砂质壤土中生长为佳，不耐水湿和严寒；抗污染能力较强。生长较慢，萌芽力强，耐修剪，寿命长。

(4) 观赏特性与园林用途。四季常青，树冠宽广，枝叶浓密。叶绿光亮，花小繁密、具芳香。孤植、群植均可，宜作庭园观赏树或植于建筑物侧旁；亦可列植路边、径旁作自然式刺篱，也可作绿篱和屏障；还是制作树桩盆景的上佳材料。

(a)

(b)

(c)

图2.31　柞木

### 29. 棕榈 Trachycarpus fortunei

(1) 科属。棕榈科棕榈属。

(2) 形态特征。高达15m，树干圆柱形，耸直不分枝，周围包以棕皮，树冠呈伞形，叶形如蒲扇，簇生于茎端，掌状裂深达中下部；叶柄长，两侧细齿明显。雌雄异株，圆锥状肉穗花序腋生，花小而黄色。核果肾状球形，蓝褐色，被白粉。花期4～5月，10～11月果熟，如图2.32所示。

(3) 生态习性。喜温暖湿润气候，喜光，有较强的耐阴能力。耐寒性较强，是棕榈科中最耐寒的植物。喜排水良好、湿润肥沃的中性、石灰性或微酸性的黏质壤土，能耐一定的干旱与水湿。耐烟尘，对有毒气体抗性强。抗二氧化硫及氟化氢，有很强吸毒能力。根系浅，须根发达。生长缓慢，寿命较长，达百年以上。

(4) 观赏特性与园林用途。挺拔秀丽，叶色葱茏，适于四季观赏，适应性强，是我国栽培历史最早的棕榈类植物之一。可孤植、列植、丛植或成片栽植，常用容器栽植作室内或建筑前装饰及布置会场之用，也是优良的工矿区绿化树种。

(a) (b) (c)

图2.32　棕榈

## 2.2.2　落叶乔木

### 1. 银杏 Ginkgo biloba

(1) 科属。银杏科银杏属。

(2) 形态特征。雌雄异株，高达40m。树皮灰褐色，深纵裂；树冠广卵形，青壮年期树冠圆锥形；大枝斜上伸展，近轮生，雌株的大枝常较雄株的开展或下垂。有长枝和短枝。叶折扇形，先端常2裂，有长柄，在长枝上螺旋状互生，短枝上簇生。球花单性，生于短枝顶部叶腋。雄球花呈葇荑花序状，具多数雄蕊；雌球花有长柄，顶端常分为两叉。种子核果状，椭圆形、倒卵形或近球形，外种皮肉质，成熟时淡黄色或橙黄色，有臭味，披白粉；中种皮骨质白色；内种皮膜质，淡红褐色。花期3～4月；种子9～10月成熟，如图2.33所示。

(a)

(b)

图2.33　银杏

(3) 主要栽培品种。垂枝银杏枝条下垂；塔形银杏枝向上伸，形成圆柱形或尖塔形树冠；斑叶银杏叶有黄色或黄白色斑。

(4) 生态习性。喜光，喜温暖湿润气候；具有一定的抗污染能力和耐寒力，较耐旱，不耐积水，深根性，寿命长。

(5) 观赏特性与园林用途。树干端直，树姿挺拔雄伟，冠大荫浓，叶形奇特秀美，春叶嫩绿，秋叶金黄，是著名的园林观赏树种。适于作庭荫树、行道树，或对植、丛植、孤植及混植作园景树。

### 2. 金钱松 Pseudolarix amabilis

(1) 科属。松科金钱松属。

(2) 形态特征。高达40m。树冠圆锥形；树干端直，有明显的长短枝。叶线形，扁平，柔软而鲜绿，在长枝上螺旋状排列，在短枝上轮状簇生，入秋变黄如铜钱。雄球花簇生。球果当年成熟，果鳞木质，熟时脱落。花期4～5月，球果10～11月成熟，如图2.34所示。

(3) 生态习性。喜光，喜温暖湿润气候及深厚、肥沃、排水良好的中性或酸性土壤；不耐干旱，不耐积水，深根性，较耐寒，抗风能力强，生长较慢。

(4) 观赏特性与园林用途。树姿优美，枝条平展，树叶秀丽；春叶嫩绿、秋叶金黄，是珍贵的观姿、观叶树和园景树；适于池边、溪畔孤植或群植，也适合在公园和草坪中丛植、对植和群植。

(a)

(b)

图2.34　金钱松

### 3. 落羽杉 Taxodium distichum

(1) 科属。杉科落羽杉属。

(2) 形态特征。原产地高达50m；树干基部常膨大，具膝状呼吸根；树皮赤褐色，裂成长条片。大枝近水平开展，侧生短枝排成二列。叶扁线形，互生，羽状排列，淡绿色，冬季与小枝俱落。球果圆球形，幼时紫色。花期3月；球果10月成熟，如图2.35所示。

(3) 生态习性。强喜光树种；喜温暖湿润气候及潮湿深厚土壤；耐干旱，极耐水湿。

(4) 观赏特性与园林用途。落羽杉树形整齐美观，近羽毛状的叶丛极为秀丽，入秋，叶变成古铜色，是良好的秋色叶树种。最适水旁配植又有防风护岸之效。落羽杉与水杉、水松、巨杉、红杉同为孑遗树种，是世界著名的园林树种。

(a) (b) (c)

图2.35 落羽杉

4．池杉 Taxodium ascendens

(1) 科属。杉科落羽杉属。

(2) 形态特征。落叶乔木，高达25m；干基部膨大，常具膝状呼吸根，大枝向上伸展，树冠窄，尖塔形；树皮褐色，纵裂，成长条片脱落；枝褐红色，脱落性小枝常直立向上，当年生小枝绿色，细长，常略向下弯垂，2年生小枝褐红色。叶多钻形，略内曲，常在枝上螺旋状伸展，下部多贴近小枝，基部下延，先端渐尖，上面中脉略隆起，下面有棱脊，每边有气孔线2～4。花期3～4月，球果圆球形或长圆形，熟时褐黄色，有短梗，10～11月成熟，如图2.36所示。

(3) 生态习性。喜温暖湿润气候，喜光；极耐水湿，耐寒性差；喜深厚肥沃、湿润的酸性或微酸性土壤，不耐碱性土壤；抗风力强；速生。

(4) 观赏特性与园林用途。树冠窄圆锥形，树形优美，枝叶秀丽婆娑；低湿处生长者具“膝根”，春叶嫩绿，秋叶鲜褐，是观赏价值较高的园林树种。特别适于水滨湿地成片栽植，孤植或丛植为园景树。

(a) (b) (c) (d)

图2.36　池杉

## 5. 水杉 Metasequoia glyptostroboides

(1) 科属。杉科水杉属。

(2) 形态特征。为孑遗树种之一，有活化石之称，高达40m。树皮灰褐色，干基常膨大，大枝不规则轮生，小枝对生，具长枝及脱落性短枝。叶扁线形，柔软，淡绿色，交互对生，呈羽状排列，冬季与侧生无芽小枝一同脱落。雌雄同株，球果近球形，当年成熟、下垂，熟时深褐色，果鳞交互对生。花期2月下旬，球果11月成熟，如图2.37所示。

(3) 生态习性。阳性树种，喜光，喜温暖湿润气候，有一定耐寒性；喜深厚肥沃的酸性土，但在微碱性土壤上亦可生长良好；不耐干旱，不耐水涝；生长速度较快，对有害气体的抗性较弱。

(4) 观赏特性与园林用途。水杉树干通直高大，树冠圆锥形，树形优美，枝疏叶细，枝叶秀丽婆娑；春叶嫩绿，秋叶棕褐。叶、形皆有很高的观赏价值，是城市公园、绿地、风景林地、郊区等绿化的重要树种。可在公园、庭院的草坪间丛植、列植，也可片植，以观赏其群体效果；可孤植，以观赏其优美树形；也可作行道树，整齐而壮观。

(a)

(b)

图2.37　水杉

6. **垂柳** Salix babylonica

(1) 科属。杨柳科柳属。

(2) 形态特征。高达18m，树冠倒广卵形，小枝细长下垂，淡黄褐色，叶互生，披针形或条状披针形，先端渐长尖，基部楔形，无毛或幼叶微有毛，具细锯齿，托叶披针形。花期3～4月；果期4～5月，如图2.38所示。

(a)

(b)

图2.38　垂柳

(3) 生态习性。阳性树种，根系发达，喜温暖湿润气候及潮湿深厚的酸性及中性土壤，较耐寒，特耐水湿，但亦能生于土层深厚之高干燥地区。生长迅速，寿命较短，30年后衰老。

(4) 观赏特性与园林用途。枝条细长，柔软下垂，随风飘舞，姿态优美潇洒，植于水边，柔条依依拂水，别有风致。可用做固岸护堤及平原造林树种。自古即为重要的庭园观赏树，通常植于河岸及湖池，也适用于工厂区绿化。

### 7. 核桃 Juglans regia

(1) 科属。胡桃科胡桃属。

(2) 形态特征。树冠广卵形至扁球形。树皮灰白色，老时深纵裂，1年生枝绿色。小叶5～9，椭圆形、卵状椭圆形至倒卵形，全缘，幼叶背面有油腺点。雄花为葇荑花序，生于上年生枝侧；雌花为顶生穗状花序。花期4～5月，核果球形，9～11月熟，如图2.39所示。

(3) 生态习性。喜光，喜温暖凉爽气候，耐干冷，不耐湿热，肉质根，忌水淹。喜深厚、肥沃、湿润而排水良好的微酸性至微碱性土壤。深根性，生长较快，不耐移植，寿命较长。

(4) 观赏特性与园林用途。树冠庞大雄伟，枝叶茂密，绿荫覆地，树干灰白洁净，是良好的庭荫树。园林中常孤植、丛植于草地或庭院，因其花、果、叶挥发的气味具有杀菌、杀虫的功效，因此也可成片、成林栽植于风景疗养区。干性较强的品种，也可作行道树用。

(a)

(b)

图2.39　核桃

### 8. 枫杨 Catalpa speciosa

(1) 科属。胡桃科枫杨属。

(2) 形态特征。高达30m，干皮灰褐色，幼时光滑，老时纵裂，小枝灰色。奇数羽状复叶互生，但顶叶常缺而呈偶数状，叶轴有翅，小叶9～23片，长椭圆形，无柄，缘具细齿。花白色。坚果具2长翅，成串下垂。花期4～5月，果期8～9月，如图2.40所示。

(3) 生态习性。阳性树种，深根性，主、侧根均发达，生长迅速，萌蘖力强，以深厚肥沃的河床两岸生长良好。不耐阴，但耐水湿、耐寒、耐旱，对二氧化硫、氯气等抗性强。

(4) 观赏特性与园林用途。树体高大，树冠开展，荫浓如盖，病虫害少，园林中多作行道树及园景树使用；又因其耐湿力较强，侧根发达，须根细密如网，故多栽植于溪边、湖畔，为固堤护岸的良好树种。也可成片种植或孤植于草坪、坡地及工矿厂区。

(a)

(b)

(c)

图2.40 枫杨

9. 板栗 Castanea mollissima

(1) 科属。壳斗科栗属。

(2) 形态特征。高达20m。冠扁球形，树皮灰褐色，交错纵深裂，小枝有灰色绒毛，无顶芽。叶椭圆形至椭圆状披针形，缘齿尖芒状，背面常有柔毛。总苞内含坚果2～3粒。花期5～6月，果熟期9～10月，如图2.41所示。

图2.41 板栗

(3) 生态习性。喜光，北方品种较能耐寒、耐旱；南方品种则喜温暖而不怕炎热，但耐寒、耐旱性较差。对土壤要求不严。深根性，根系发达，根萌蘖力强，耐修剪。寿命长。对二氧化硫、氯气有较强抵抗力。

(4) 观赏特性与园林用途。树冠圆，枝繁叶茂，在公园草坪、风景区及坡地孤植或群植均适宜，亦可用做山区绿化造林和水土保持树种。

10. 麻栎 Quercus acutissima

(1) 科属。壳斗科栎属。

(2) 形态特征。高达25m，干皮交错深纵裂；小枝黄褐色，初有毛，后脱落。叶长椭圆状披针形，先端渐尖，基部近圆形，缘有刺芒状锐锯齿，背面绿色，无毛或近无毛。坚果球形；总苞碗状，鳞片木质刺状，反卷。花期5月；果次年10月成熟，如图2.42所示。

(a)

(b)

(c)

图2.42　麻栎

(3) 生态习性。喜光，喜湿润气候，耐寒，耐旱；对土壤要求不严，但不耐盐碱土。以深厚、肥沃、湿润而排水良好的中性至微酸性土的山沟、山麓地带生长最为适宜。深根性，萌芽力强。生长速度中等。

(4) 观赏特性与园林用途。树形高大，树干通直，树冠雄伟，浓荫如盖，秋季叶色转为橙褐色，季相变化明显，是良好的绿化观赏树种。孤植、丛植，或与它树混交成林，均甚适宜。因根系发达，适应性强，又是营造防风林、水源涵养林的优良树种。

11. 榆树 Ulmus pumila

(1) 科属。榆科榆属。

(2) 形态特征。高达25m，树冠圆球形，树体高大，树皮纵裂，粗糙；小枝灰色细长，常排成二列鱼骨状。叶卵状长椭圆形，叶缘多为单锯齿，基部稍不对称。春季叶前开花。翅果近圆形，无毛，如图2.43所示。

(3) 栽培品种。垂枝榆：下垂，树冠伞形；龙爪榆：树冠球形，小枝卷曲下垂；钻天榆：干直，树冠窄；生长快。

(4) 生态习性。喜光，耐寒，耐旱，适应干凉气候，根系深广，萌芽力强，耐修剪。

(5) 观赏特性与园林用途。树干通直，树形高大，绿荫较浓，适应性强，生长快，是城乡绿化的重要树种，栽作行道树、庭荫树、防护林及"四旁"绿化用均合适。在干瘠、严寒之地常呈灌木状，有用作绿篱者。又因其老茎残根萌芽力强，可制作盆景。

(a) (b) (c)

图2.43 榆树((a),(b)：榆树；(c)：垂枝榆)

12. 榔榆 Ulmus parvifolia

(1) 科属。榆科榆属。

(2) 形态特征。高达15m，树皮薄鳞片状剥落后仍较光滑，叶较小而厚，卵椭圆形至倒卵形，长2～5m，单锯齿，基歪斜。花期8～9月；果期10～11月，如图2.44所示。

(3) 生态习性。喜光，稍耐阴，喜温暖气候，亦能耐短期低温；喜肥沃、湿润土壤，耐干旱瘠薄，在酸性、中性和石灰性土壤的山坡、平原及溪边均能生长。生长速度中等，寿命较长。深根性，萌芽力强。对二氧化硫等有毒气体及烟尘的抗性较强。

(4) 观赏特性与园林用途。树形优美，姿态潇洒，树皮斑驳，枝叶细密，具有较高的观赏价值。在庭园中孤植、丛植，或与亭榭、山石配植都很合适。栽作庭荫树、行道树或制作成盆景均有良好的观赏效果。因抗性较强，还可作厂矿区绿化树种。

(a)

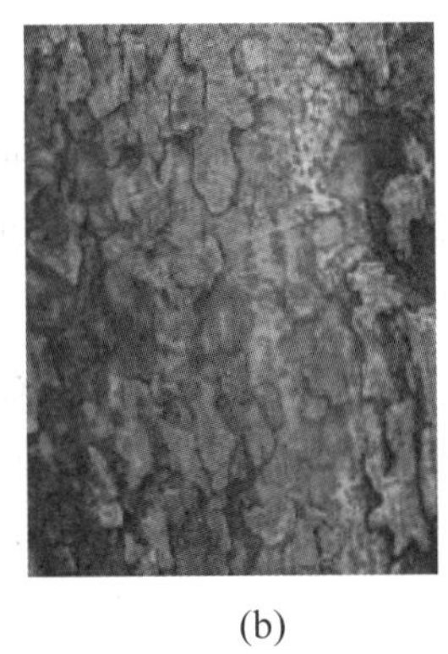
(b)

(c)

图2.44 榔榆

13. 榉树 Zelkova schneideriana

(1) 科属。榆科榉属。

(2) 形态特征。高达25m，树冠倒卵状伞形，树皮深灰色，不裂，老时薄鳞片状剥落后仍光滑。小枝细，有毛。叶卵状长椭圆形，先端尖，基部广楔形，锯齿整齐，近桃形，表面粗糙，背面密生淡灰色柔毛。坚果小，歪斜且有皱纹。花期3～4月；果期10～11月，如图2.45所示。

(3) 生态习性。喜光，喜温暖气候及肥沃湿润土壤，在酸性、中性及石灰性土壤均可生长。忌积水地，也不耐干瘠。耐烟尘，抗有毒气体；抗病虫害能力较强。深根性，侧根广展，抗风力强。生长速度中等偏慢，寿命较长。

(4) 观赏特性与园林用途。枝细叶美，绿荫浓密，树形雄伟，观赏价值远较一般榆树为高。在园林绿地中孤植、丛植、列植皆宜。在江南园林中尤为习见，三五株点缀于亭台池边饶有风趣。同时也是行道树、宅旁绿化、厂矿区绿化和营造防风林的理想树种，又是制作盆景的好材料。

(a)

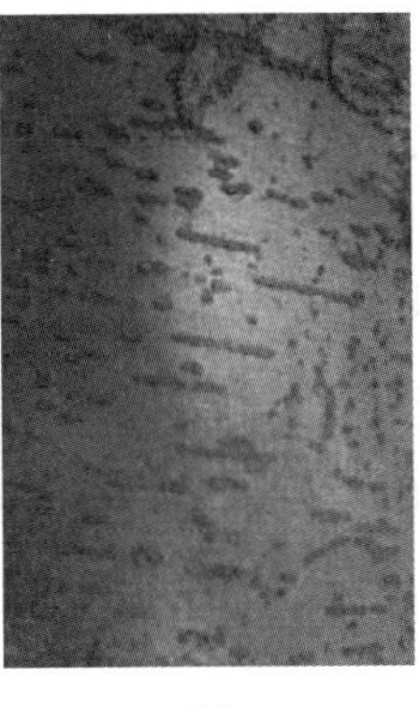
(b)

(c)

图2.45 榉树

## 14. 朴树 Celtis tetrandra

(1) 科属。榆科朴属。

(2) 形态特征。高达20m，树冠扁球形，小枝幼时有毛，后渐脱落。叶卵状椭圆形，先端短尖，基部不对称，锯齿钝，表面有光泽，两面无毛。果单生，熟时紫黑色，果柄长为叶柄长2倍以上，果核表面平滑。花期4～5月，果期9～10月，如图2.46所示。

(3) 生态习性。喜光，稍耐阴，喜温暖气候及肥沃、湿润、深厚的中性砂质土壤，能耐轻盐碱土。深根性，抗风力强。寿命较长。抗烟尘及有毒气体。

(4) 观赏特性与园林用途。树形美观，树冠宽广，绿荫浓郁，是城乡绿化的重要树种。最宜用作庭荫树，也可作行道树。并可选作厂矿区绿化及防风、护堤树种。也是制作盆景的常用树种。

(a)

(b)

图2.46 朴树

## 15. 珊瑚朴 Celtis julianae

(1) 科属。榆科朴属。

(2) 形态特征。高达30m，树冠圆球形，树皮灰色，平滑。小枝、叶背、叶柄均密被黄褐色绒毛。叶较宽大，广卵形、卵状椭圆形或倒卵状椭圆形，先端短尖，基部近圆形，锯齿钝。核果大，熟时橙红色。花期4月，10月果熟，如图2.47所示。

(3) 生态习性。喜光，稍耐阴，喜温暖气候及湿润、肥沃土壤，但也能耐干旱和瘠薄，在微酸性、中性及石灰性土壤上都能生长。深根性，抗烟尘及有毒气体，少病虫害，生长速度中等偏快，寿命较长。

(4) 观赏特性与园林用途。树高干直，冠大荫浓，树姿雄伟，春日枝上生满红褐色花序，状如珊瑚，入秋又有红果，均颇美观。庭荫树、行道树，孤植、丛植或列植。

(a) (b)

图2.47 珊瑚朴

## 16. 桑树 Morus alba

(1) 科属。桑科桑属。

(2) 形态特征。高达15m，小枝褐黄色，嫩枝及叶含乳汁。单叶互生，卵形或广卵形，长5～15cm，锯齿粗钝，表面光滑，有光泽，背面脉腋有簇毛。花单性异株，雌花无花柱。聚花果圆筒形，熟时常由红变紫色。花期4月；果期5～6月，如图2.48所示。

(3) 观赏品种。垂枝桑：枝条下垂。龙桑：枝条扭曲，观赏价值较高，园林应用较多。

(4) 生态习性。喜光，喜温暖，耐寒。适应性强，耐干旱瘠薄和水湿，在微酸性、中性、石灰质和轻盐碱土壤上均能生长。根系发达，萌芽力强，耐修剪。生长较快，寿命中等。抗风力强，对硫化氢、二氧化氮等有毒气体抗性很强。

(5) 观赏特性与园林用途。树冠宽阔，枝叶茂密，秋季叶色变黄，颇为美观。配置方式有丛植、列植或群植，适于城市、工矿区及农村“四旁”绿化。其观赏品种垂枝桑和龙桑更适于园林栽培观赏。我国古人有在房前屋后栽种桑树和梓树的传统，因此常用“桑梓”代表故土、家乡。

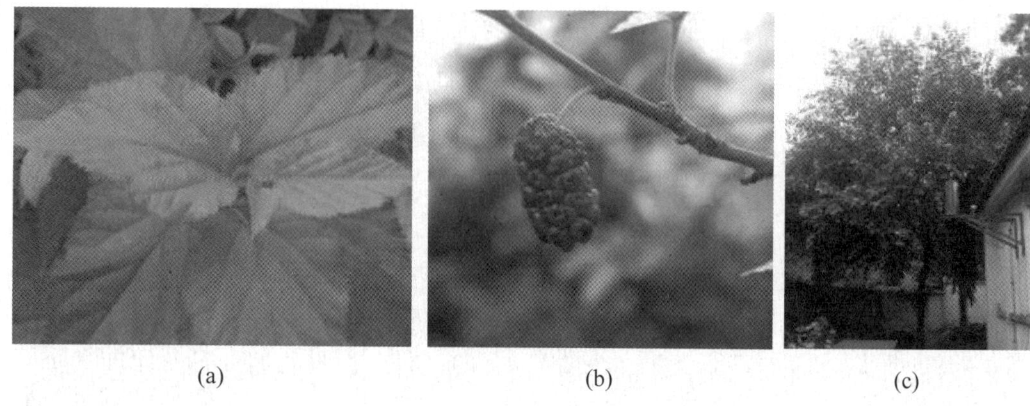

(a) (b) (c)

图2.48 桑树

17. 玉兰 Magnolia denudate

(1) 科属。木兰科木兰属。

(2) 形态特征。高达20m，树冠卵圆形，挺拔端直。幼枝及芽具柔毛。叶倒卵状椭圆形，先端突尖而短钝，基部圆形或广楔形，幼时背面有毛。花大，花萼、花瓣相似，共9片，纯白色，厚而肉质，有香气。早春叶前开花；9～10月果熟，如图2.49所示。

(3) 生态习性。喜光，喜温暖湿润气候，具一定耐寒力；肉质根，忌积水，较耐干旱；伤口愈合力差，不耐修剪。

(4) 观赏特性与园林用途。白玉兰花大、洁白而芳香，是我国著名的早春花木，因为花开时无叶，故有“木花树”之称。最宜列植堂前、点缀中庭。民间传统的宅院配置中讲究“玉棠春富贵”，其意为吉祥如意、富有和权势。所谓玉即玉兰、棠即海棠、春即迎春、富为牡丹、贵乃桂花。白玉兰盛开之际有“莹洁清丽，恍疑冰雪”之

(a)

(b)

图2.49 玉兰

赞。如配植于纪念性建筑之前，则有“玉洁冰清”象征着品格的高尚和具有崇高理想脱却世俗之意。如丛植于草坪或针叶树丛之前，则能形成春光明媚的景境，给人以青春、喜悦和充满生气的感染力。此外，玉兰也可用于室内瓶插观赏。

(c)

(d)

图2.49　玉兰(续)

### 18. 紫玉兰 Magnolia liliflora

(1) 科属。木兰科木兰属。

(2) 形态特征。高达6m。芽有灰褐色细毛；大枝近直伸，小枝紫褐色；叶倒卵形或椭圆状卵形。花先叶开放，大型，花瓣6片，钟状，淡紫褐色；花瓣外面紫色或紫红色，内面白色。花期3～4月；果9～10月成熟，果长圆形，淡褐色，如图2.50所示。

(3) 生态习性。喜光，耐侧方庇荫，不耐严寒。喜肥沃、湿润沙质土壤，不耐碱。怕水淹，不耐旱。

(4) 观赏特性与园林用途。木兰栽培历史较久，为庭园珍贵花木之一。花蕾形大如笔头，故有“木笔”之称。为我国人民所喜爱的传统花木，通常植于庭园观赏。

(a) (b)

图2.50 紫玉兰

## 19. 二乔玉兰 Magnolia officinalis

(1) 科属。木兰科木兰属。

(2) 形态特征。高达10m，叶倒卵状长椭圆形，先端短急尖，基部楔形，背面多少有柔毛。花大、呈钟状，花瓣6，内面白色，外面淡紫，有芳香，花萼似花瓣，萼片3，但长仅达其半，亦有呈小形而绿色者。叶前开花，花期与玉兰相若。为玉兰与木兰的杂交种。在国内外庭园中普遍栽培。3月叶前开花，如图2.51所示。

(3) 生态习性。喜光，耐侧方庇荫，喜空气湿润、气候温和之地。

(4) 观赏特性与园林用途。常植于庭园观赏。

(a) (b)

图2.51 二乔玉兰

## 20. 鹅掌楸 Liriodendron chinensis

(1) 科属。木兰科鹅掌楸属

(2) 形态特征。高达40m，树冠圆锥形，树皮灰色，浅纵裂。小枝具环状托叶痕。叶片马褂形，先端平截或微凹，老叶下面有乳头状白粉点。花单生于枝顶，黄绿色，杯状，花被片9。聚合果由具翅小坚果组成，纺锤形，先端钝或尖，顶端有翅。花期4～5月，果期10月，如图2.52所示。

(3) 生态习性。喜光照充足、温暖湿润气候，有一定的耐寒性，喜深厚肥沃、湿润而排水良好的酸性或微酸性土壤，忌低湿水涝。对二氧化硫有一定的抗性。

(4) 观赏特性与园林用途。树形端正，叶形似马褂，奇美，秋叶金黄，花大、色彩淡雅，是优良的园林绿化树种。可作庭荫树和行道树或植于草坪上、建筑物前。

(a)

(b)

图2.52 鹅掌楸

## 21. 枫香 Liquidambar formosana

(1) 科属。金缕梅科枫香属。

(2) 形态特征。高达40m，树冠广卵形或略扁平，树干上有眼状枝痕。树皮灰色，浅纵裂，老时不规则深裂。单叶互生，叶常为掌状3裂(萌芽枝的叶常为5～7裂)，基部心形或截形，裂片先端尖，缘有锯齿；幼叶有毛，后渐脱落。蒴果，集成球形果序较大，下垂，刺状萼片宿存。花期3～4月；果10月成熟，如图2.53所示。

(3) 生态习性。喜光，幼树稍耐阴，喜温暖湿润气候及深厚湿润土壤，也能耐干旱瘠薄，但较不耐水湿。萌蘖力强，深根性，主根粗长，抗风力强。幼年生长较慢，壮年后生长转快。对二氧化硫、氯气等有较强抗性。

(4) 观赏特性与园林用途。枫香树高干直，树冠宽阔，气势雄伟，深秋叶色红艳，美丽壮观，是南方著名的秋色叶树种。在我国南方低山、丘陵地区营造风景林很合适。亦可在园林中栽作庭荫树，或于草地孤植、丛植，或于山坡、池畔与其他树木混植。与常绿树丛配合种植，秋季红绿相衬，会显得格外美丽。又因枫香具有较强的耐火性和对有毒气体的抗性，可用于厂矿区绿化。

(a)

(b)

图2.53　枫香

22. 杜仲 Eucommia ulmoides

(1) 科属。杜仲科杜仲属。

(2) 形态特征。高达20m，枝具片状髓，单叶互生，椭圆形，缘有锯齿，老叶表面网脉下陷。花单性异株，无花被。小坚果有翅，长椭圆形，扁而薄，顶端2裂。枝、叶、果断裂后有弹性丝相连，如图2.54所示。

(a)

(b)

图2.54　杜仲

(3) 生态习性。喜光，不耐庇荫；喜温暖湿润气候及肥沃、湿润、深厚而排水良好的土壤。适应性较强，耐寒力强，在酸性、中性及微碱性土上均能正常生长，并有一定的耐盐碱性。但在过湿、过干或过于贫瘠的土壤上生长不良。根系较浅而侧根发达，萌蘖力强。生长速度中等。

(4) 观赏特性与园林用途。树干端直，枝叶茂密，树形整齐优美，是良好的庭荫树及行道树。也可作一般的绿化造林树种。

### 23. 英桐(二球悬铃木) Platanus acerifolia

(1) 科属。悬铃木科悬铃木属。

(2) 形态特征。高达35m。树皮绿色，薄片，剥落后呈绿白色，光滑。叶近三角形，3～5掌状裂，缘有不规则大尖齿，幼叶有星状毛，后脱落。果球常2个一串，宿存花柱刺状。花期4～5月；果9～10月成熟，如图2.55所示。

(3) 生态习性。速生树种，喜光，喜温暖湿润气候；耐干旱瘠薄，耐湿；抗烟尘及有毒气体；耐修剪，耐移植。

(4) 观赏特性与园林用途。树冠阔卵形，树姿雄伟，冠大荫浓；观叶，观形；可作行道树、庭荫树。

(a)

(b)

(c)

图2.55 英桐

**特别提示**

在园林应用中还有美桐和法桐，三者主要差别如下：

| | 高度 | 干皮 | 叶子 | 果实数 | 产地 | 耐寒性 |
|---|---|---|---|---|---|---|
| 美桐 | 50m | 薄片剥落 | 3～5浅裂 | 1 | 北美 | 较弱 |
| 法桐 | 30m | 光滑 | 5～7深裂至中部 | 3～6 | 欧洲 | |
| 英桐 | 30～35m | 光滑（深绿浅绿斑驳） | 3～5裂至中部 | 2 | 英国杂交 | 较强 |

### 24. 西府海棠 Malus micromalus

(1) 科属。蔷薇科苹果属。

(2) 形态特征。高达8m，树形峭立。小枝紫褐色或暗褐色，幼时有短柔毛。叶长椭圆形，叶缘锯齿尖细。花粉红色，单瓣，有时为半重瓣，花梗及花萼均具柔毛；萼片与萼筒近等长，常脱落。果红色。4～5月开花；8～9月果熟，如图2.56所示。

(3) 生态习性。喜光，也耐半阴。耐寒，耐干旱，忌水湿。适应能力比较强，对土壤要求不严，但忌低洼、盐碱地。萌芽力强，耐修剪。

(4) 观赏特性与园林用途。春天开花，花色漂亮，树形优美，为我国著名观赏花木。可丛植、片植或孤植，植于门旁、庭院、亭廊周围、草坪、林地边缘等，造景效果极好；也可作盆栽或切花材料。

(a)

(b)

图2.56 西府海棠

25. 垂丝海棠 Malus halliana

(1) 科属。蔷薇科苹果属。

(2) 形态特征。高达5m；枝开展，幼时紫色。叶卵形或狭卵形，基部楔形或近圆形，锯齿细钝，叶质较厚硬，叶色暗绿而有光泽；叶柄常紫红色。花鲜玫瑰红色，花柱4～5个，萼片深紫色，先端钝，花梗细长下垂，4～7朵簇生小枝端。果倒卵形，紫色。3～4月开花；9～10月果熟，如图2.57所示。

(a)

(b)

图2.57 垂丝海棠

(3) 生态习性。喜光，喜温暖湿润气候，耐寒性不强。

(4) 观赏特性与园林用途。可丛植、片植或孤植，植于门旁、庭院、亭廊周围、草坪、林地边缘等；也可作盆栽或切花材料。

**特别提示**

西府海棠和垂丝海棠的主要性状比较如下：

(1) 西府海棠的花梗短，多为绿色；垂丝海棠花梗相对较长，呈紫红色。

(2) 西府海棠的花多朝上直立盛开；垂丝海棠花则朝下垂挂。

(3) 西府海棠花苞颜色初如唇红鲜艳，花开后则颜色渐淡；垂丝海棠花开后相对颜色更红。

(4) 西府海棠枝条比较直立；垂丝海棠枝条比较开展。

### 26. 木瓜 Chaenomeles sinensis

(1) 科属。蔷薇科木瓜属。

(2) 形态特征。高达10m。干皮成薄皮状剥落；枝无刺，但短小枝常成棘状；小枝幼时有毛。叶卵状椭圆形，先端急尖，缘具芒状锐齿，幼时背面有毛，后脱落，革质，叶柄有腺齿。花单生叶腋，粉红色。果椭圆形，暗黄色，木质，有香气。花期4～5月，叶后开放；果熟期8～10月，如图2.58所示。

(3) 生态习性。喜光，喜温暖，有一定的耐寒性，不耐盐碱和低湿地。

(4) 观赏特性与园林用途。观花观果，常植于庭园观赏。

(a)

(b)

图2.58 木瓜

### 27. 杜梨 Pyrus betulaefolia

(1) 科属。蔷薇科梨属。

(2) 形态特征。高达10m，小枝常棘刺状，幼时密生灰白色绒毛。叶菱状卵形或长卵形，缘有粗尖齿，幼叶两面具灰白绒毛，老则仅背面有毛。花白色，花柱2～3个。果实小，近球形，褐色；萼片脱落。花期4月下旬～5月上旬；果熟期8～9月，如图2.59所示。

(3) 生态习性。喜光，稍耐阴，耐寒，极耐干旱、瘠薄及碱土、深根性，抗病虫害力强，生长较慢。

(4) 观赏特性与园林用途。春季白花美丽，常植于庭园观赏。寿命很长，在盐碱、干旱地区尤为适宜，是优良的防护林及沙荒造林树种。

(a)

(b)

图2.59　杜梨

28. 紫叶李 Prunus cerasifera ‘Atropurpurea’

(1) 科属。蔷薇科梅属。

(2) 形态特征。高达8m。树冠圆形或扁圆形，小枝红褐色，无毛。单叶互生，叶卵形或倒卵形，边缘具重锯齿尖细，叶终年紫红色。花单生或2～3朵聚生，粉红色。叶前开花或与叶同放，果实近球形，暗酒红色。花期4～5月，果熟期6～7月，如图2.60所示。

(a)

(b)

图2.60　紫叶李

(3) 生态习性。喜光，喜温暖湿润气候，有一定的抗旱和耐寒能力。对土壤适应性强，不耐干旱，较耐水湿，不耐碱。

(4) 观赏特性与园林用途。整个生长季节叶色都为紫红色，早春花也美观，是广泛应用的彩色叶植物之一。常丛植、片植于建筑物前、庭院中、园路旁、草坪角隅等处，用以色彩搭配。应用时常以绿色植物为背景，同一地点应用量一般不大，主要起色彩调配的作用。

### 29. 梅 Prunus mume

(1) 科属。蔷薇科梅属。

(2) 形态特征。高达10m；小枝细长，绿色光滑。叶卵形或椭圆状卵形，先端尾尖或渐尖，基部广楔形至近圆形，锯齿细尖，无毛；叶柄有腺体。花粉红、白色或红色，近无梗，芳香；早春叶前开放。果近球形，熟时黄色，果核有蜂窝状小孔，5～6月成熟，如图2.61所示。

(a) (b) (c) (d)

图2.61 梅

(3) 生态习性。喜阳光充足，通风良好，温暖而略潮湿的气候，有一定耐寒能力。对土壤要求不严格，土质以疏松肥沃、排水良好为佳，较耐瘠薄，能在轻碱性土中正常生长。对水分敏感，喜湿润但怕涝。寿命较长。

(4) 观赏特性与园林用途。为中国传统十大名花之一，栽培历史悠久。梅花具有古朴的姿态，素雅的颜色，秀丽的花姿，淡淡的清香，历来被广大人民所喜爱。梅花的花语和象征代表意义是坚强和高雅，高风亮节。梅花疏影清雅，花色美秀，幽香宜人，花期独早，被誉为花魁。梅花具有崇高品格和坚贞气节，鼓励人们自强不息、坚韧不拔。配置方式有丛植、群植或片植，植于草坪、庭院、建筑出入口、台阶两侧或亭、廊、轩、榭等园林建筑周边。另外，梅花也是很好的制作盆景或切花的材料，梅花盆景或桩景非常高雅，观赏价值很高。

### 30. 桃 Prunus persica

(1) 科属。蔷薇科梅属。

(2) 形态特征。高可达8m。叶椭圆状披针形，叶缘有细锯齿。树干灰褐色，粗糙有孔；小枝红褐色或褐绿色，芽密被灰色绒毛。花单生，有白、粉红、红等色，重瓣或半重瓣。花期3～4月；果肉厚而多汁，表面被柔毛，果熟6～9月，核果近球形，如图2.62所示。

(3) 栽培变种。白桃：花白色，单瓣。碧桃：花淡红，重瓣。红碧桃：花红色，复瓣，萼片常为10。垂枝桃：枝下垂。寿星桃：开红色花或白色花，多重瓣，花期较晚，树形矮小紧凑。

(4) 生态习性。喜光，要求通风良好。喜肥沃而排水良好的土壤，不耐碱土；耐旱，畏涝。较耐寒。

(5) 观赏特性与园林用途。春开花，妩媚可爱；品种繁多，开花繁密，栽培容易，南北园林广泛应用。配置方式有孤植、丛植、群植、片植等，可植于山坡、水畔、石旁、墙际、庭院、草坪边缘等。也常把桃和柳树搭配栽植，形成“桃红柳绿”的早春景色；也可作盆栽、切花、桩景等用。由于桃树是阳性树种，因此配置时要保证其有良好的光照，否则会生长不良，开花减少。

**特别提示**

引例（2）的解答：图片展示的桃树患有流胶病，桃树流胶病在积水严重的地方表现尤为严重，一般不建议种植在积水严重的地方。此外，桃树是寿命较短的树种，年数久了，老化也可能导致大量流胶，所以在买苗木时一般都不会挑选特别大的。最后还有病虫害，如天牛类，长期受病虫害的桃树一定流胶。

(a) (b) (c)

图2.62 桃((a)：桃； (b)、(c)：碧桃)

## 31. 樱桃 Cerasus pseudocerasus

(1) 科属。蔷薇科樱属。

(2) 形态特征。高达8m。叶卵形至卵状椭圆形，先端锐尖，基部圆形，缘有大小不等重锯齿，齿尖有腺，上面无毛或微有毛，背面疏生柔毛。花白色，萼筒有毛；3～6朵簇生成总状花序。果近球形，红色。花期4月，先叶开放；果5～6月成熟，如图2.63所示。

(3) 生态习性。喜日照充足，温暖湿润气候及肥沃而排水良好的砂壤土，有一定的耐寒与耐旱力。萌蘖力强，生长迅速。

(4) 观赏特性与园林用途。花先叶开放，是园林中观赏及果实兼用树种。

(a) (b)

图2.63 樱桃

## 32. 樱花 prunus serrulata

(1) 科属。蔷薇科梅属。

(2) 形态特征。树皮暗栗褐色，光滑；小枝无毛，腋芽单生。叶卵状椭圆形，缘有芒状单或重锯齿，背面苍白色。花白色或淡粉红色，无香味，萼钟状或短筒状而无毛；花常3～5朵排成伞房总状花序，花期4月。果7月成熟，初呈红色，后变紫褐色，如图2.64所示。

(3) 生态习性。喜阳，喜温暖湿润的气候环境，有一定的耐寒和耐旱力。对土壤要求不严，以深厚肥沃的砂质壤土生长最好，不耐盐碱土，忌积水低洼地。根系浅，对烟尘、有害气体及海潮风的抵抗力较弱。

(4) 观赏特性与园林用途。花朵极其美丽，盛开时节，花满枝头，如云似霞，是早春开花的著名观赏花木；秋季叶色变黄，略带红色，也很漂亮。园林中可孤植、丛植、群植或片植，植于草坪、庭园、池岸、路边等地，景观效果良好；在公园、居住区、单位绿地等地，也可用做行道树。

(a)

(b)

图2.64　樱花

## 33. 日本晚樱 Prunus lannesiana

(1) 科属。蔷薇科梅属。

(2) 形态特征。高达10m。干皮淡灰色，较粗糙；小枝较粗壮而开展，无毛。叶常为倒卵形，叶端渐尖，呈长尾状，叶缘锯齿单一或重锯齿，齿端有长芒，叶背淡绿色，无毛；叶柄上部有1对腺体；新叶无毛，略带红褐色。花形大而芳香，单瓣或重瓣，常下垂，粉红或近白色；1～5朵排成伞房花序，小苞片叶状，无毛；花总梗短，有时无总梗，均无毛；萼筒短，无毛；花瓣端凹形；花期长，4月中下旬开放，果卵形，熟时黑色，有光泽，如图2.65所示。

(a)

(b)

图2.65　日本晚樱

(3) 生态习性。喜光，具一定耐寒力，适应性强。

(4) 观赏特性与园林用途。花期较其他樱花晚而长，为美丽的观花树种。

### 34．云南樱花 Prunus cerasoides

(1) 科属。蔷薇科梅属。

(2) 形态特征。高达10m。幼枝绿色，被短柔毛，老枝灰黑色。叶互生，叶片近革质，卵状披针形或长圆状，叶边有细锐重锯齿，齿端有小腺体，伞形花序，有花1～3朵；苞片近圆形，边有腺齿，革质；萼筒钟状，红色；萼片三角形，先端急尖，全缘，常带红色；花粉红色至深红色。核果卵圆形，熟时紫黑色。花期2～3月，先花后叶，如图2.66所示。

(3) 生态习性。喜光、耐寒、抗旱，不耐盐碱，根系浅，对烟尘、强风抗力弱。在深厚、疏松、肥沃和排水良好的酸性土壤上生长良好，不耐水湿。

(4) 观赏特性与园林用途。树姿洒脱开展，花枝繁茂，花开满树，花大艳丽，盛开时如玉树琼花，如云似霞，堆云叠雪，甚是壮观，是优良的园林观赏植物。可种植在建筑物前、草地旁、山坡上、水池边，孤植、群植都很适宜。夏季枝叶繁茂，绿阴如盖，作为次干车行道或人行道上的行道树也十分美丽。还可作绿篱或制作盆景。

(a)

(a)

图2.66 云南樱花

### 35．合欢 Albizzia julibrissin

(1) 科属。豆科合欢属。

(2) 形态特征。高达16m。树冠扁圆形，树姿优美，常呈伞状。树皮褐灰色，主枝较低。2回偶数羽状复叶，小叶镰刀状长圆形，中脉明显偏于一边。花序头状，多数，腋生或顶生，花丝粉红色；萼及花瓣均黄绿色；雄蕊多数，如绒缨状，因此又称之为绒花树。花期6～7月，果9～10月成熟，荚果扁条形，如图2.67所示。

(3) 生态习性。喜光，耐寒性略差。对土壤要求不严，能耐干旱、瘠薄，但不耐水涝。生长迅速，树冠开展，分枝点较低，树干皮薄，畏西晒。

(4) 观赏特性与园林用途。树姿优美，叶形雅致，盛夏绒花满树，色香兼备，能形成轻柔舒畅的气氛。可孤植、丛植、群植或列植，作园景树、庭荫树、行道树，也可植于林缘、房前、草坪、山坡等地。

(a)

(b)

图2.67　合欢

### 36. 皂荚 Gleditsia sinensis

(1) 科属。豆科皂荚属。

(2) 形态特征。高达30m，树冠扁球形；树干或大枝具分枝圆刺，常丛生。一回羽状复叶，小叶3～7对，卵形至卵状长椭圆形，叶缘有细钝锯齿。总状花序腋生，荚果较肥厚，直而不扭转，黑棕色，被白粉。花期5～6月；果10月成熟，如图2.68所示。

(3) 生态习性。喜光而稍耐阴，喜温暖湿润气候，对土壤要求不严，喜欢深厚、肥沃、适当湿润的土壤。深根性树种，生长速度较慢，寿命较长。

(a)

(b)

(c)

图2.68　皂荚

(4) 观赏特性与园林用途。树冠广宽，叶密荫浓，树形和果实都有较高观赏价值。可孤植于草坪作园景树，也可作行道树、庭荫树。

### 37. 刺槐 Robinia pseudoacacia

(1) 科属。豆科刺槐属。

(2) 形态特征。高达25m，树冠椭圆状倒卵形。树皮灰褐色，纵裂。枝条有托叶刺。奇数羽状复叶，小叶7～19片，互生，椭圆形至卵状长圆形。花蝶形，白色，有芳香，成下垂总状花序。荚果扁平，条状，种子黑色。花期4～5月；果10～11月成熟，如图2.69所示。

(a)

(b)

(c)

图2.69 刺槐

(3) 栽培品种。香花槐：花被红色，有浓郁芳香，可同时盛开数百朵小红花，非常壮观美丽。

(4) 生态习性。强阳性树种。喜较干燥而凉爽气候，较耐干旱瘠薄。适应能力强，能在石灰性土、酸性土、中性土以及轻度盐碱土上正常生长。忌积水，土壤水分过多易烂根。浅根性树种，生长速度很快，萌蘖力强，寿命较短。

(5) 观赏特性与园林用途。树冠高大，叶色鲜绿，开花季节绿白相映非常素雅，而且芳香宜人，是良好的蜜源植物。可孤植、丛植、群植作园景树、庭荫树、行道树等，可密植作树墙或背景林，也可作工矿区绿化及荒山、荒地绿化的优选树种。

### 38. 国槐 Sophora japonica

(1) 科属。豆科槐属。

(2) 形态特征。高达25m，树冠圆形，干皮暗灰色，浅裂，小枝绿色，皮孔明显。奇数羽状复叶互生，小叶7～17片，卵形至卵状披针形，全缘，叶端尖，叶背有白粉。花浅黄绿色，花冠蝶形，成圆锥花序顶生。荚果串珠状，肉质，熟后不开裂，也不脱落。花期7～8月；果10月成熟，如图2.70所示。

(3) 变种和栽培品种。龙爪槐：小枝弯曲下垂，树冠呈伞状，园林应用较多。金枝槐；秋季小枝变为金黄色。

(4) 生态习性。喜光，略耐阴，耐寒，适生于肥沃、湿润而排水良好的土壤，在石灰性及轻盐碱土上也能正常生长；深根性，寿命长，耐强修剪，移栽易活；对烟尘及有害气体抗性较强，寿命长。

(5) 观赏特性与园林用途。树冠宽广，枝叶繁茂，寿命长而又耐城市环境，在城市绿地中广泛应用。其栽培品种金枝槐秋冬季节枝条金黄色，观赏价值较高，在园林绿化中应用也较多。国槐可孤植作园景树、庭荫树，也常列植作行道树，也是厂矿区的良好绿化树种。花富蜜汁，是夏季的重要蜜源树种。龙爪槐是中国庭园绿化中的传统树种之一，常成对栽植于门前或庭院中，又可植于建筑前或草坪边缘。

(a) (b) (c)

图2.70 国槐((a)、(b)：国槐；(c)：龙爪槐)

### 39. 紫薇 Lagerstroemia indica

(1) 科属。千屈菜科紫薇属。

(2) 形态特征。高达8m，树皮薄片剥落后特别光滑；小枝四棱状。叶椭圆形或卵形，全缘，近无柄。花亮粉红至紫红色，花瓣6，皱波状或细裂状，具长爪；成顶生圆锥花序；花期很长，7～9月开花不绝。蒴果近球形，6瓣裂，10～11月果熟，如图2.71所示。

(3) 生态习性。喜光，有一定耐寒能力。

(4) 观赏特性与园林用途。花美丽而花期长，是极好的夏季观花树种，秋叶也常变成红色或黄色。适于园林绿地及庭园栽培观赏，也是盆栽和制作桩景的好材料。

(a)

(b)

图2.71　紫薇

### 40. 石榴 Punica granatum

(1) 科属。石榴科石榴属。

(2) 形态特征。高达7m，枝常有刺。单叶对生或簇生，长椭圆状倒披针形，全缘，亮绿色，无毛。花通常深红色，单生枝端；花萼钟形，紫红色，质厚；5～7月开花。浆果球形，古铜黄色或古铜红色；种子多数，具肉质外种皮，汁多可食，如图2.72所示。

(3) 生态习性。喜光，喜温暖气候，有一定耐寒能力，喜肥沃湿润而排水良好的土壤。

(4) 观赏特性与园林用途。观花树及果树，又是盆栽和制作盆景、桩景。

(a)

(b)

(c)

图2.72　石榴

### 41. 臭椿 Ailanthus altissima

(1) 科属。苦木科臭椿属。

(2) 形态特征。高达30m，树干端直，树皮较光滑，小枝粗壮。奇数羽状复叶，卵状披针形，中上部全缘，仅在近基部有1～2对粗齿，齿端有臭腺点。花杂性异株，成顶生圆锥花序。花期4～5月，翅果长椭圆形，种子位于中部，9～10月成熟，熟时淡褐黄色或淡红褐色，如图2.73所示。

(3) 生态习性。喜光，适应性强，有一定的耐寒能力。很耐干旱、瘠薄，但不耐水湿，长期积水会烂根致死。能耐中度盐碱，对微酸性、中性和石灰质土壤都能适应，喜排水良好的沙壤土。对烟尘和二氧化硫抗性较强。深根性。

(4) 观赏特性与园林用途。树干通直而高大，树冠圆整如半球状，叶大荫浓。叶及开花时有微臭但并不严重，是一种很好的观赏树和庭荫树。在国外常作行道树用。是工矿区绿化、山地造林的优选树种，也是盐碱地的水土保持和土壤改良用树种。

(a)

(b)

图2.73　臭椿

42. 楝树 Melia azedarach

(1) 科属。楝科楝属。

(2) 形态特征。高达20m，树冠近于平顶。枝条广展，枝上皮孔明显。树皮光滑，老则浅纵裂。2～3回奇数羽状复叶，小叶卵形至卵状长椭圆形，缘有锯齿或裂。花较大，两性，圆锥状复聚伞花序，花淡紫色，有香味。核果近球形，熟时淡黄色，经冬不落。花期4～5月，果10～11月成熟，如图2.74所示。

(3) 生态习性。喜光，不耐阴；喜温暖湿润气候，耐寒力不强，华北地区幼树易遭冻害。对土壤要求不严，稍耐干旱、瘠薄，也能生于水边。萌芽力强，生长快，寿命短。抗风，对二氧化硫抗性较强，对氯气抗性较弱。

(4) 观赏特性与园林用途。树形优美，叶形秀丽，春夏之交开淡紫色花朵，美丽且有淡香，因此具有较高观赏价值。配置方式有孤植、群植、列植，可作庭荫树、行道树等，也可在草坪孤植、丛植，或配植于池边、路旁、坡地等处，也是良好的“四旁”绿化、城市及工矿区绿化树种。

(a)

(b)

图2.74　楝树

## 43. 香椿 Toona sinensis

(1) 科属。楝科香椿属。

(2) 形态特征。高达25m，树皮暗褐色，条片状剥落。小枝有柔毛，叶痕大形，偶数(稀奇数)羽状复叶，有香气，小叶10～20片，对生，长椭圆形至广披针形，先端渐长尖，全缘或具不明显钝锯齿，有香气。花白色。花期5～6月，果10～11月成熟，蒴果长椭球形，如图2.75所示。

(3) 生态习性。喜光，不耐阴。适生于深厚、肥沃、湿润的沙质壤土，能耐轻盐渍，较耐水湿，有一定的耐寒力。深根性，萌芽、萌蘖力均强；生长速度中等偏快。对有毒气体抗性较强。

(4) 观赏特性与园林用途。我国特产树种，枝叶茂密，树干耸直，树冠庞大，嫩叶红艳。可孤植、丛植、列植等作园景树、庭荫树及行道树用，在庭前、院落、草坪、斜坡、水畔均可配植。对有毒气体抗性较强，亦可作为工矿区绿化树种。

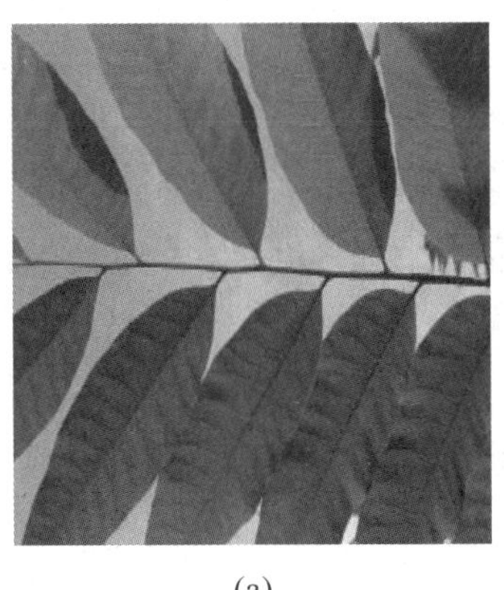

(a)

(b)

(c)

图2.75　香椿

### 44. 重阳木 Bischofia polycarpa

(1) 科属。大戟科重阳木属。

(2) 形态特征。高达15m，树皮褐色，纵裂。三出复叶互生，小叶卵形至椭圆状卵形，先端突尖或突渐尖，基部圆形或近心形，缘有细钝齿，两面光滑无毛。花小，绿色，单性异株，无花瓣，成总状花序。浆果球形，熟时红褐色。花期4～5月；果期9～11月，如图2.76所示。

(3) 生态习性。喜光，稍耐阴；喜温暖气候，耐寒力弱；对土壤要求不严，在湿润、肥沃土壤中生长最好，能耐水湿。根系发达，抗风力强；生长较快。对二氧化硫有一定抗性。

(4) 观赏特性与园林用途。本种枝叶茂密，树姿优美，早春嫩叶鲜绿光亮，入秋叶色转红，颇为美观。宜作庭荫树及行道树，也可作堤岸绿化树种。在草坪、湖畔、溪边丛植点缀也很合适，可以营造出壮丽的秋景。

(a)

(b)

图2.76　重阳木

### 45. 乌桕 Sapium sebiferum

(1) 科属。大戟科乌桕属。

(2) 形态特征。高达15m，树冠圆球形。树皮暗灰色，浅纵裂，小枝纤细。单叶互生，菱状广卵形，全缘，两面无毛，叶柄细长，顶端有2个腺体，秋季变红。花单性，无花瓣，花小，黄绿色，成顶生穗状花序，基部为雌花，上部为雄花。蒴果三棱状球形，熟时黑色，种子黑色，外被白蜡，经冬不落。花期5～7月，果期10～11月，如图2.77所示。

(3) 生态习性。喜光，喜温暖气候，有一定的耐旱、耐水湿及抗风能力。对土壤适应范围较广，主根发达，抗风力强，生长速度中等偏快，寿命较长。能抗火烧，对二氧化硫及氯化氢抗性强。

(4) 观赏特性与园林用途。树冠整齐，叶形秀丽，入秋叶色红艳可爱，园林中应用较广泛。可列植、丛植、群植或片植等，作护堤树、庭荫树及行道树，宜植于水边、池畔、坡谷、草坪，也可与亭廊、花墙、山石等相配。冬日白色的果实挂满枝头，经久不落，非常美观。亦可作防火树种。

(a)

(b)

图2.77　乌桕

## 46. 黄连木 Pistacia chinensis

(1) 科属。漆树科黄连木属。

(2) 形态特征。高达30m，树冠近圆球形，树皮薄片状剥落；小枝有柔毛，冬芽红褐色。偶数羽状复叶互生，小叶10～14片，披针形或卵状披针形，先端渐尖，基部偏斜，全缘。雌雄异株，圆锥花序，雄花序淡绿色，雌花序紫红色。核果初为乳白色，后变红色至蓝紫色。花期3～4月，果9～11月成熟，如图2.78所示。

(3) 生态习性。喜光，幼时稍耐阴。喜温暖，畏严寒；耐干旱瘠薄，对土壤要求不严，微酸性、中性和微碱性土均能适应。深根性，抗风力强，萌芽力强。生长较慢，寿命长。对二氧化硫、氯化氢和煤烟的抗性较强。

(4) 观赏特性与园林用途。树冠浑圆，枝叶繁茂而秀丽，早春嫩叶红色，红色的雌花序也极美观，入秋叶又变成深红或橙黄色，因此其观赏价值很高。配置方式可孤植、列植或丛植等，适宜作园景树、庭荫树、行道树及风景林等，也常作“四旁”绿化及低山区造林树种。在园林中植于草坪、坡地、山谷或于山石、亭阁之旁配植均相宜。黄连木若要构成大片秋色红叶林，可与槭树类、枫香等混植，效果更好。

(a) (b) (c)

图2.78 黄连木

## 47. 南酸枣 Choerospondias axillaris

(1) 科属。漆树科南酸枣属。

(2) 形态特征。高达30m，干皮薄片状剥裂；小枝褐色，无毛。羽状复叶互生，小叶7～15，长卵状披针形，基部歪斜，通常全缘，背面脉腋有簇毛。花杂性异株；单性花成圆锥花序，两性花成总状花序。核果比枣稍大，黄熟时酸香可食，果核顶端有5大小相等的小孔。花期4月；果期8～9月，如图2.79所示。

(3) 生态习性。喜光，稍耐阴；喜温暖湿润气候，不耐寒；喜土层深厚、排水良好之酸性及中性土壤，不耐水淹和盐碱。浅根性，侧根粗大平展；萌芽力强。生长快，对二氧化硫、氯气抗性强。

(a)

(b)

图2.79 南酸枣

(4) 观赏特性与园林用途。本种树干端直，冠大荫浓，是良好的庭荫树及行道树种。孤植或丛植于草坪、坡地、水畔，或与其他树种混交成林都很合适，并可用于厂矿区绿化。

### 48. 三角枫 Acer buergerianum Miq

(1) 科属。槭树科槭树属。

(2) 形态特征。高达20m，树皮暗褐色，薄条片状剥落。叶常3浅裂，有时不裂，基部圆形或广楔形，裂片全缘或上部疏生浅齿。花杂性，黄绿色。果核部分两面凸起，两果翅张开成锐角或近于平行。花期4月，果9月成熟，如图2.80所示。

(3) 生态习性。弱阳性，稍耐阴。喜温暖湿润气候及酸性、中性土壤，较耐水湿，有一定耐寒能力，在北京可露地越冬。生长较快，寿命较长。萌芽力和萌蘖力较强，根系发达，耐修剪。

(4) 观赏特性与园林用途。枝叶茂密，夏季荫浓，秋季叶色变为暗红，较为美丽。可孤植、丛植或群植，宜作庭荫树、行道树及护岸树栽植，植于湖岸、溪边、谷地、草坪，或点缀于亭廊、山石间皆宜。其老桩可制成盆景。

(a)

(b)

图2.80 三角枫

### 49. 茶条槭 Acer ginnala

(1) 科属。槭树科槭树属。

(2) 形态特征。高达10m。树皮灰色，粗糙。单叶卵状椭圆形，通常3裂，中裂特大，有时不裂或具不明显之羽状5浅裂，基部圆形或近心形，缘有不整齐重锯齿，表面通常无毛，背面脉上及脉腋有长柔毛，叶柄及主脉常带紫红色。花杂性，子房密生长柔毛；伞房花序圆锥状，顶生。果核两面突起，果翅张开成一锐角或近于平行，紫红色。花期5～6月；果9月成熟，如图2.81所示。

(3) 生态习性。弱喜光，耐半阴，在烈日下树皮易受灼害；耐寒，也喜温暖；喜深厚而排水良好的砂质壤土。萌蘖力强，深根性，抗风雪；耐烟尘，较能适应城市环境。

(4) 观赏特性与园林用途。树干直而洁净，花有清香，夏季果翅红色美丽，秋叶又很易变成鲜红色，故宜植于庭园观赏，尤其适合作为秋色叶树种点缀园林及山景，也可栽作行道树及庭荫树。

图2.81　茶条槭

## 50. 鸡爪槭 Acer palmatum

(1) 科属。槭树科槭树属。

(2) 形态特征。高达6m。树冠伞形，树皮平滑，灰褐色；枝开张，小枝细长，光滑。叶掌状5～9深裂，基部心形，裂片卵状长椭圆形至披针形，缘有重锯齿，两面无毛。花杂性，紫色，顶生伞房花序。翅果无毛，两翅展开成钝角。花期4～5月，果10月成熟，如图2.82所示。

(3) 常见栽培品种。细叶鸡爪槭：俗称“羽毛枫”，叶掌状深裂几达基部，裂片狭长又羽状细裂；树冠开展而枝略下垂，通常树体较矮小。紫红鸡爪槭：俗称“红枫”，叶红色或紫红色，株态、叶形同鸡爪槭。

(4) 生态习性。弱阳性，耐半阴。喜温暖湿润气候及肥沃、湿润而排水良好之土壤，酸性、中性及石灰质土均能适应。耐寒性不强。生长速度中等偏慢。

(5) 观赏特性与园林用途。树姿婆

(a)

(b)

图2.82　鸡爪槭((a)：紫红鸡瓜槭；(b)、(c)：鸡爪槭)

姿，叶形秀丽，叶为绿色或红色，入秋叶色变红，色艳如花，为珍贵的观叶树种。园林中常三、五株组合栽植，或丛植、群植等，植于草坪、土丘、溪边、池畔，或植于墙隅、亭廊、山石间点缀，若以常绿树或白粉墙作背景衬托，倍感美丽多姿。也可以制成盆景或盆栽，用于室内美化非常雅致。

(c)

图2.82 鸡爪槭((a)：紫红鸡瓜槭；(b)、(c)：鸡爪槭)(续)

## 51. 复叶槭 Acer negundo

(1) 科属。槭树科槭树属。

(2) 形态特征。高达20m，树冠圆球形。小枝粗壮，绿色，有时带紫红色，无毛。有白粉。奇数羽状复叶对生，小叶3～5，稀7～9，卵形或长椭圆状披针形，缘有不规则缺刻；顶生小叶常3浅裂，其叶柄甚长于侧生小叶之柄；叶背沿脉或脉腋有毛。花单性异株，黄绿色，无花瓣及花盘；雄花有长梗，成下垂簇生状；雌花为下垂总状花序。果翅狭长，展开成锐角或直角。花期3～4月，叶前开放；果8～9月成熟，如图2.83所示。

(a)

(b)

图2.83 复叶槭

(3) 生态习性。喜光，喜冷凉气候，耐干冷，喜深厚、肥沃、湿润土壤，稍耐水湿。生长较快，寿命较短。抗烟尘能力强。

(4) 观赏特性与园林用途。枝叶茂密，入秋叶色金黄，颇为美观，宜作庭荫树、行道树及防护林树种。因具有速生优点，也常用作“四旁”绿化树种。

### 52. 七叶树 Aesculus chinensis

(1) 科属。七叶树科七叶树属。

(2) 形态特征。高达25m，树冠开阔，树姿雄伟，叶大形美；树皮灰褐色，片状剥落；小枝粗壮，栗褐色。小叶5～7片，倒卵状长椭圆形至长椭圆状倒披针形，先端渐尖，缘具细锯齿。花小，大型白色圆锥花序。蒴果球形或倒卵形，黄褐色。花期5～6月，果9～10月成熟，如图2.84所示。

(a)

(b)

图2.84 七叶树

(3) 生态习性。喜光，稍耐阴。喜温暖气候，有一定耐寒力，适宜深厚、肥沃、湿润而排水良好的土壤。深根性，生长速度中等偏慢，不耐移植，寿命长。

(4) 观赏特性与园林用途。树干耸直，树冠开阔，姿态雄伟。叶大而形美，春芽红色，初夏白花开放，观赏价值极高，是世界著名的观赏树种之一。可孤植、丛植、列植、群植等，用作庭荫树、园景树、行道树等，也可于建筑前对植、路边列植，或孤植、丛植于山坡、草地。

### 53. 栾树 Koelreuteria paniculata

(1) 科属。无患子科栾树属。

(2) 形态特征。高达15m，树冠近圆球形。树皮灰褐色，细纵裂；小枝稍有圆棱，无顶芽。一至二回奇数羽状复叶互生，小叶卵形或长卵形，边缘有锯齿或裂片。

顶生圆锥花序，小花金黄色。蒴果三角状卵形，顶端尖，成熟时橘红色或红褐色。花期6～8月，果期9～10月，如图2.85所示。

(3) 生态习性。阳性树种，喜光，稍耐半阴。耐寒，耐干旱和瘠薄，也耐低湿、盐碱地及短期涝害。对土壤要求不严，较喜欢生长于石灰质土壤中。病虫害少，萌蘖力强，生长中速，深根性，故抗风能力较强。对粉尘、二氧化硫和臭氧均有较强的抗性。

(4) 观赏特性与园林用途。树形高大而端正，枝叶茂密而秀丽，春季嫩叶红艳，夏季黄花满树，秋季叶色橙黄，硕果累累，形似灯笼，十分美丽，季相变化明显，是极为美丽的观赏树种。可孤植、列植、群植等，是理想的行道树、庭荫树、园景树，也可用于工业污染区绿化。

(a)

(b)

(c)

图2.85　栾树

### 54. 全缘叶栾树 Koelreuteria integrifolia

(1) 科属。无患子科栾树属。

(2) 形态特征。高达20m，树冠广卵形。树皮暗灰色，片状剥落；小枝暗棕色，密生皮孔。二回羽状复叶互生，小叶7～11，长椭圆状卵形，先端渐尖，基部圆形或广楔形，全缘，或偶有锯齿，两面无毛或背脉有毛。花黄色，成顶生圆锥花序。蒴果椭球形，顶端钝而有短尖。花期8～9月；果10～11月成熟，如图2.86所示。

(3) 生态习性。喜光，幼年期耐阴；喜温暖湿润气候，耐寒性差；对土壤要求不严，微酸性、中性土上均能生长。深根性，不耐修剪。

(4) 观赏特性与园林用途。枝叶茂密，冠大荫浓，初秋开花，金黄夺目，不久就有淡红色灯笼似的果实挂满树梢，十分美丽。宜作庭荫树、行道树及园景树栽植，也可用于居民区、工厂区及农村“四旁”绿化。

(a) (b)

图2.86 全缘叶栾树

## 55. 无患子 Sapindus mukorossi

(1) 科属。无患子科无患子属。

(2) 形态特征。高达25m，树冠广卵形，树皮灰色，不裂；小枝无毛，皮孔多而明显。偶数羽状复叶互生，小叶8～14，互生或近对生，卵状长椭圆形，全缘，先端尖，基歪斜，无毛。花小而黄白色；花瓣5，内侧基部有2耳状小鳞片；顶生圆锥花序。核果肉质，近球形，熟时橙黄色，种子球形，黑色，坚硬。花期5～6月；果期10月，如图2.87所示。

(3) 生态习性。喜光，喜温暖湿润气候，深根性，耐寒性不强，对土壤要求不严，深根性，抗风力强，萌芽力弱，不耐修剪；寿命长；对二氧化硫抗性较强。

(4) 观赏特性与园林用途。本种树形高大，树冠广展，绿荫稠密，秋叶金黄，颇为美观。宜作庭荫树及行道树。孤植、丛植在草坪、路旁或建筑物附近都很合适。若与其他秋色叶树种及常绿树种配植，更可为园林秋景增色。

(a)

(b)

图2.87 无患子

56．枳椇 Hovenia dulcis

(1) 科属。鼠李科枳椇属。

(2) 形态特征。高达20m。树皮灰黑色，深纵裂；小枝红褐色。叶广卵形至卵状椭圆形，先端短渐尖，基部近圆形，缘有粗钝锯齿，基部3出脉，背面无毛或仅脉上有毛；聚伞花序常顶生，二歧分枝常不对称。果梗肥大肉质，经霜后味甜可食。花期6月；果9～10月成熟，如图2.88所示。

(a) (b) (c) (d)

图2.88 枳椇

(3) 生态习性。喜光，有一定的耐寒能力；对土壤要求不严，在土层深厚、湿润而排水良好处生长快，能成大树。深根性，萌芽力强。

(4) 观赏特性与园林用途。树姿优美，叶大荫浓，生长快，适应性强，是良好的庭荫树、行道树及农村“四旁”绿化树种。

### 57. 枣 Zizyphus jujuba

(1) 科属。鼠李科枣属。

(2) 形态特征。高达10m，枝常有托叶刺，一枚长而直伸，另一枚短而向后勾曲。当年生枝常簇生于矩状短枝上，冬季脱落。单叶互生，卵形至卵状长椭圆形，缘有细钝齿，基部3主脉。花小，两性，黄绿色，2～3朵簇生叶腋；5～6月开花。核果椭球形，熟后暗红色，味甜，核两端尖；8～9月果熟，如图2.89所示。

(a)

(b)

图2.89　枣

(3) 生态习性。喜光，适应性强，喜干冷气候，也耐湿热，对土壤要求不严，耐干旱瘠薄，也耐低湿；根萌蘖力强，寿命长。

(4) 观赏特性与园林用途。枣树是我国栽培最早的果树，已有3000余年的栽培历史，品种很多。由于结果早，寿命长，产量稳定，农民称之为“铁杆庄稼”。是园林结合生产的良好树种，可栽作庭荫树及园路树。

### 58. 梧桐 Firmiana simplex

(1) 科属。梧桐科梧桐属。

(2) 形态特征。高达20m，树皮绿色，光滑。叶互生，掌状3～5裂，基部心形，裂片全缘。花单性同株，无花瓣，萼片5，淡黄绿色；成顶生圆锥花序。蓇果远在成熟前开裂成5舟形膜质心皮；种子大如豌豆，着生于心皮的裂缘。花期6～7月；果期9～10月，如图2.90所示。

(3) 生态习性。喜光，喜温暖湿润气候，喜肥沃、湿润、深厚而排水良好的土壤，在酸性、中性及钙质土上均能生长，但不宜在积水洼地或盐碱地栽种，积水易烂根。耐寒性不强，怕水淹；深根性，直根粗壮；萌芽力弱，生长较快，寿命较长。发叶较晚，而秋天叶落早。对多种有毒气体都有较强抗性。

(4) 观赏特性与园林用途。树干端直，树皮光滑绿色，叶大而形美，绿荫浓密，洁净可爱。我国长江流域各省栽培尤多，取其枝叶繁茂，夏日可得浓荫，入秋则叶凋落最早，故有“梧桐一叶落，天下尽知秋”之说。适于草坪、庭院、宅前、坡地、湖畔孤植或丛植；在园林中与棕榈、竹、芭蕉等配植尤感和谐，且颇具我国民族风味。梧桐也可栽作行道树及居民区、工厂区绿化树种。树皮青翠，叶大形美，洁净可爱，适于草坪、庭院孤植或丛植，是优良的庭荫树及行道树种。

(a)

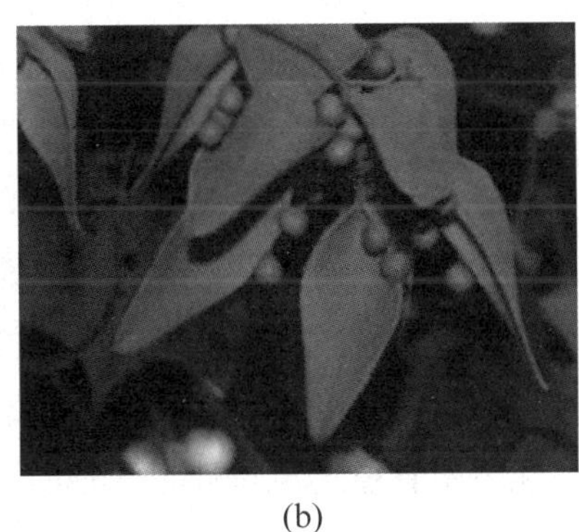

(b)

(c)

图2.90　梧桐

### 59. 喜树 Camptotheca acuminata

(1) 科属。蓝果树科喜树属。

(2) 形态特征。高达30m，树冠倒卵形，主干耸直，姿态雄伟。树皮淡褐色，光滑；枝多向外平展，幼时绿色，具突起黄灰色皮孔。单叶互生，通常卵状椭圆形，下面疏生短柔毛，羽状脉弧曲状，叶柄及背脉均带红晕。花单性同株，雌花顶生，雄花腋生，常排列成球形头状花序，7～8月开淡绿色花，瘦果长三菱形有狭翅，聚生成球形果序，11月成熟，褐色。如图2.91所示。

(3) 生态习性。速生树种。喜光，不耐严寒干燥，深根性，萌芽力强，较耐水湿，在酸性、中性、微碱性土中均能生长，抗病虫能力强。

(4) 观赏特性与园林用途。树姿端直雄伟，绿荫浓郁，花清稚，果奇异，是优良的行道树。适于公园、庭院作庭荫树，街坊、公路用作行道树；可在树丛、林缘与常绿阔叶树混植或孤植宅旁、湖畔。对二氧化硫抗性稍强，适宜一般工厂和农村“四旁”绿化；根系发达，可营造防风林。

(a) (b) (c)

图2.91 喜树

### 60. 灯台树 Cornus controversa

(1) 科属。山茱萸科梾木属。

(2) 形态特征。高达20m；树皮暗灰色，老时浅纵裂；枝紫红色，无毛，侧枝轮状着生，层次明显，大侧枝呈层状生长宛若灯台。叶互生，卵形至卵状椭圆形，侧脉6～8对，背面灰绿色，叶常集生枝端。花小，白色，伞房状聚伞花序顶生，5～6月开花。核果由紫红变蓝黑色树形整齐，果期8～10月，如图2.92所示。

(3) 生态习性。喜光，稍耐阴，喜温暖湿润气候和肥沃、湿润且排水良好的土壤。有一定耐寒性，在北方不宜植于风口处，否则易发生枯枝现象。在干寒气候及板结土壤上生长不良。生长较快。

(4) 观赏特性与园林用途。树干端直，冠形整齐，姿态清雅，侧枝平展，轮状着生，层次分明，宛如灯台，以其整齐优美的树形而备受喜欢。最宜孤植于庭园、草坪，或作庭荫树及行道树，也可与其他树种混植。

(a)

(b)

图2.92 灯台树

### 61. 柿树 Diospyros kaki

(1) 科属。柿树科柿树属。

(2) 形态特征。高达15m；树皮暗灰色，呈方块状深裂；小枝有褐色短柔毛，后渐脱落。芽卵状扁三角形。单叶互生，椭圆状倒卵形，全缘，革质，背面及叶柄均有柔毛。花单性异株或杂性同株；雄花成聚伞花序，雌花单生，花冠钟状，黄白色。浆果大，扁球形；熟时呈橙黄色或橘红色。花期5～6月；果皮薄，萼宿存，果期9～10月，如图2.93所示。

(3) 生态习性。喜光，喜温暖也耐寒；对土壤要求不严，微酸性、微碱性、中性土均可栽培；耐干旱瘠薄，不耐水湿及盐碱；根系发达，寿命长。

(4) 观赏特性与园林用途。树形优美，叶色浓绿而有光泽，入秋叶色变红，果实满树，色泽鲜艳，至落叶后仍悬于树上，是良好的观叶、观果树种和著名果树，是园林观赏结合生产的好树种。可作庭荫树、风景树。

(a)

(b)

(c)

图2.93　柿树

### 62. 对节白蜡 Fraxinus hupehensis

(1) 科属。木犀科白蜡树属。

(2) 形态特征。高达19m，树皮深灰色，后纵裂。营养枝常成棘刺状，小枝被毛至几无毛。小叶常披针形至卵状披针形，先端渐尖，缘具锐锯齿，背面沿中脉基部被短柔毛，小叶柄短，被毛；幼树叶常有变化。花簇生，花期2～3月，果熟期5～6月，如图2.94所示。

(3) 生态习性。性喜光，也略耐阴。喜深厚湿润的土壤，适应性强，对土壤要求不严，在土层浅、瘠薄、甚至是岩石裸露的地方都能生长。萌芽力强，耐修剪，生长较慢。

(4) 观赏特性与园林用途。枝叶茂密，亭亭如盖，是优良的庭荫树，也可丛植或片植。萌蘖条具有棘刺，且萌芽力极强，为理想的绿篱、刺篱或作树桩盆景材料。

(a)

(b)

图2.94　对节白蜡

## 63. 泡桐 Paulownia fortunei

(1) 科属。玄参科泡桐属。

(2) 形态特征。高达25m，干圆通直，树冠广卵形或圆锥形。树皮灰褐色，幼时平滑，老时纵裂。小枝粗壮，中空，幼时被黄色星状绒毛，后渐光滑。叶大柄长，对生，心状长卵形，全缘，基部心形，表面光滑，叶背密被粘质腺毛或绒毛。花冠漏斗状，外面白色，里面淡黄色并有大小紫斑，成顶生狭圆锥花序，花期3～4月。蒴果木质，长椭球形，9～10月果熟，如图2.95所示。

(3) 生态习性。强阳性速生树种。喜光，耐寒性较强，不耐水湿，萌蘖力强，抗污染。

(4) 观赏特性与园林用途。主干端直，冠大荫浓，春天白花满树，夏日浓荫如盖，可孤植、群植作庭荫树、行道树。

(a)

(b)

(c)

图2.95　泡桐

## 64. 梓树 Catalpa ovata

(1) 科属。紫葳科梓树属。

(2) 形态特征。高达20m，树冠开展，树皮纵裂。叶对生或三叶轮生，广卵形，通常3～5浅裂，脉腋有紫斑。圆锥花序顶生，具花多达100～130朵；花冠淡黄色，内面有黄色条纹及紫色斑点。蒴果细长如筷，下垂，冬季宿存。花期5～6月，果期9～10月，如图2.96所示。

(3) 生态习性。喜光，稍耐阴，耐寒，喜肥沃湿润排水良好的土壤，耐轻度盐碱，不耐干旱瘠薄；抗污染能力强，浅根性，速生。

(4) 观赏特性与园林用途。树冠宽大，叶大荫浓，花大而美丽，花期长，果形奇特，可作行道树、庭荫树。

(a)

(b)

(c)

图2.96 梓树

## 65. 楸树 Catalpa bungei

(1) 科属。紫葳科梓树属。

(2) 形态特征。高达30m；树干耸直，主枝开阔伸展，多弯曲，呈倒卵形树冠；树皮灰褐色，干皮纵裂，老年树干上具瘤状突起；小枝无毛，灰绿色。叶对生或轮生，卵状三角形，顶端尾尖，全缘，叶缘近基部有侧裂或尖齿，叶背无毛，基部有2紫斑。花冠浅粉色，内有紫色斑点，顶生总状花序伞房状排列，花期4～5月。蒴果下垂，果期6～10月，如图2.97所示。

(3) 生态习性。喜光，喜温暖湿润气候，不耐严寒、干旱和水湿，喜肥沃、湿润、疏松的土壤；抗污染能力强，吸滞粉尘能力较高。根蘖和萌芽力强，速生。

(4) 观赏特性与园林用途。树姿挺拔，冠大荫浓，花紫白相间、艳丽悦目，适于庭园、道路、广场及建筑周围孤植或散栽，也可作行道树和用于厂矿绿化；适宜对植、列植于公园入口或群植于山坡、草地，也可配置在树丛中作上层骨干树种，或点缀在亭榭、假山旁。

(a)

(b)

图2.97 楸树

## 2.3 应用案例

### 2.3.1 案例一行道树使用

常见的道路绿化可以分为一板式如图2.98所示、两板式如图2.99所示、三板式如图2.100所示等多种方式，其行道树的使用存在一定差异，现将主要的三种形式进行描述。

图2.98 一板式行道树配置示意图

图2.99 二板式行道树配置示意图

图2.100　主干道二板式行道树配置

(1) 一块板常见于红线宽度为30～45m的次干道。由于人行道比较宽阔，南北朝向的道路可选择的树木种类较多，树形高大、冠幅宽的常绿、落叶乔木均适用。如樟（图2.101）、乐昌含笑、苦槠、悬铃木（图2.102）、国槐、栾树、臭椿、黄连木、枫香、无患子等。但东西朝向的道路最好是选择种植落叶乔木，因为冬季落叶后可增加北向房屋的采光，且便于融雪。

图2.101　小区入口一板式行道树配置

图2.102　主干道一板式行道树配置

(2) 二块板种植形有式多用于景观大道。由于远离城市中心，通常拥有较宽的中央分隔带，因此可以结合小地形设计，使用大量的植物材料，营造丰富的层次，创造迷人的街景如图2.103所示。乔木有樟、女贞、广玉兰、棕榈、悬铃木、国槐、栾树、臭椿、黄连木、枫香、无患子、梧桐等作为上层乔木，搭配梅花、日本晚樱、红叶李等观花、色叶小乔木，下面配植棣棠、紫薇、紫荆、石榴、结香、夹竹桃、木芙蓉、桂花等灌木，再搭配金丝桃、月季、绣线菊、凤尾兰等低矮地被及草本地被。高速公路多为两块板，如果中央分隔带较窄，则适合采用桧柏类树种或体量小的常绿乔、灌木作为绿化材料。

图2.103　三板式行道树配置示意图

(3) 三块板种植形式生态效益好，行道树一般采用落叶和常绿乔木树种相结合的方式进行，如图2.104所示。

图2.104 主干道三板式行道树配置

**特别提示**

武汉常见的行道树树种有：英桐、广玉兰、樟树、水杉、池杉、银杏、女贞、垂柳、重阳木、国槐、栾树、马褂木、合欢、珊瑚朴、朴树、枫杨、枫香、皂荚、臭椿、无患子、梧桐。

## 2.3.2 案例二 小区中心景观植物配置

小区中心景观植物配置如图2.105所示。

图2.105 小区中心景观植物配置

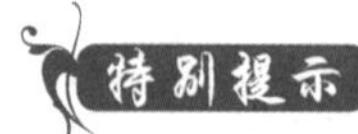

**特别提示**

武汉常见的庭园树种有：雪松、龙柏、笔柏、七叶树、杜英、棕榈、樟树、广玉兰、桂花、梅花、樱花、石榴、乐昌含笑、水杉、乌桕、复羽叶栾树、梧桐、银杏、国槐、石楠、枫杨、枫香、喜树、珊瑚朴、朴树、白玉兰、香椿、臭椿、马褂木、龙爪槐、垂枝榆、合欢、刺槐、黄连木、落羽杉、罗汉松、柞木、对节白蜡、枇杷、榉树、垂柳、重阳木、皂荚、榆树、无患子、三角枫、梓树。

## 2.3.3 案例三 武汉市江滩公园

如图2.106所示，武汉市汉口江滩公园临长江，主要采用乔木进行造景，利用垂柳作为防护林树种，樟树作为行道树，配置适当的观赏价值高的其他树种，将水和道路有机的联系在一起，能够起到防汛的作用，同时给市提供良好的休憩场所。主要植物材料见表2-1。

图2.106 武汉市汉口江滩公园

表2-1 武汉市汉口江滩植物材料

| 序号 | 植物名称 | 胸径/cm | 数量/株 |
|---|---|---|---|
| 1 | 樟树 | 8~10 | 5100 |
| 2 | 杨树 | 8~10 | 1760 |
| 3 | 雪松 | 8~10 | 1080 |
| 4 | 桂花 | 10~12 | 3458 |
| 5 | 垂柳 | 8~10 | 24570 |
| 6 | 栾树 | 8~10 | 840 |
| 7 | 紫薇 | 6~8 | 3102 |
| 8 | 水杉 | 6~8 | 3240 |

**特别提示**

武汉市常见的防护林树种有：国槐、池杉、麻栎、垂柳、枫杨、榆树、臭椿、栾树。

## 2.3.4 案例四 草坪上片植的乔木

如图2.107所示，公园种植中利用高大的雪松和樟树勾画出边界，进行空间的分割，同时给游人提供休憩遮荫的场所；中间利用桂花和垂柳与后面建筑屋形成高矮、质感的对比；下方利用海桐、黄杨球和草本花卉进行点缀形成美丽的风景。

图2.107 公园种植

### 本章小结

本章对乔木类植物作了较详细的阐述，包括乔木类植物的概念、常见应用形式，常见乔木类植物的种类识别特性、习性与用途等。

具体内容包括：常见园林绿化中常绿乔木、落叶乔木的形态特征、生态习性及园林用途；常见园林绿化形式中乔木配置的案例分析等。

本章的教学目标是使学生掌握常见乔木类的种类、习性、用途，能根据不同的环境选择适当的乔木种类，并能进行合理的配置。

### 习 题

1．判断题

(1) 雪松可以孤植，还可以作为行道树。 (　　)

(2) 广玉兰、紫玉兰和白兰花都属于常绿乔木。 ( )

(3) 梅花是先花后叶类的园林树种。 ( )

(4) 黄栌是构成香山红叶的主要树种之一。 ( )

(5) 耐修剪是行道树和独赏树树种的选择条件之一。 ( )

2. 单项选择题

(1) 下列植物不属于蔷薇科的是( )。
A. 梅花 B. 月季 C. 梨 D. 蜡梅

(2) 下列树种中是落叶乔木的为( )。
A. 油杉 B. 蜡梅 C. 无患子 D. 石楠

(3) 先花后叶类的园林树种有( )。
A. 杨树 B. 紫薇 C. 合欢 D. 玉兰

(4) 下列花是夏季开花的植物是( )。
A. 玉兰 B. 合欢 C. 芍药 D. 梅花

(5) 下列松属植物，针叶两针一束的是( )。
A. 马尾松 B. 五针松 C. 油松 D. 红松

(6) 在木兰科中花单生叶腋的植物是( )。
A. 广玉兰 B. 乐昌含笑 C. 玉兰 D. 紫玉兰

3. 辨析题

(1) 刺柏、圆柏、侧柏的区别。

(2) 臭椿与香椿的区别。

(3) 池杉、水杉与落羽杉的区别。

(4) 乔木植物常见的应用形式并举例说明。

(5) 请举出10种观花植物。

(6) 请举出15种常绿和落叶乔木，并描述其生态习性。

4. 实训题

调查所在地的公园绿地，收集所使用乔木的种类，并对其景观效果作出评价。

# 第3章 灌木类

## 教学目标

通过对灌木的定义、常见灌木的运用形式、常见灌木种类及配植的学习，了解灌木的定义；能够识别常见的园林绿化灌木植物；能够熟知常见的园林灌木植物的习性及其应用范围；能够合理使用园林灌木植物进行植物配置。

## 教学要求

| 能力目标 | 知识要点 | 权重 |
|---|---|---|
| 能够识别常见的园林绿化灌木植物 | 落叶灌木及常绿灌木的种类 | 30% |
| 能够熟知常见的园林灌木植物的习性及其应用范围 | 常见的园林灌木植物的生态习性、形态特征及园林用途 | 30% |
| 能够熟练合理使用园林灌木植物进行植物配置 | 园林灌木植物搭配要点 | 40% |

## 章节导读

随着经济的发展，人们对园林绿化要求的提高，灌木在园林绿化中被广泛应用。如图3.1～图3.4所示。灌木作为净化空气、香化环境、绿化城市、美化庭院的植物之一，在园林绿化中占有相当重要的地位。

图3.1　住宅入户灌木绿化效果图

图3.2　水边绿岛灌木绿化效果图

图3.3　建筑物到园路的过渡地带

图3.4　景石与灌木植物配植效果图

### 知识点滴：灌木在空间设计中的作用

在园林植物配置设计图纸中，通常分成三个层次：地被层、灌木层和乔木层。通过这三种层次可以组合成不同类型的空间，只有地被层(特别是大草坪)的空间开阔通透；地被层加乔木层结合，则可营造上部空间围合，下部空间人视角度通透的效果；地灌乔三者的结合则形成上中下层都围合的空间感。

植物设计过程中，灌木层对空间视线的营造常会被忽视。特别是植物设计师做配置图时，不论是用草坪还是其他低矮地被的地被层，通常是满铺的，这样才能做到不见黄土裸露，乔木层也是比较被植物设计师重视的，因为它们占领了高点，形成天际轮廓线，形成了绿的“墙体”。在灌木层作图中，灌木点得多会太密，点得少就稀稀拉拉。但对于进入到园林场地中的人来说，起最大空间分隔作用的是1.5～2.5m高的灌木层，因为人的视线是在1.5～1.6m间(按中国人男女的平均高度)，如果在这个高度上是有浓密灌木，则形成了视线遮挡，视线看不透，在人的正常视域中形成了围合感。所以我们在植物设计中，一定要认真分析，哪些位置需要让人看不透的空间，哪些位置只需要上层的围合，才能更针对性的进行植物配置。

我们看植物图及进行植物配置设计，不能独立地看地被、灌木、乔木的投影关系，还要三维地将三者“立起来”看。不能只看地被及乔木的覆盖面积，还要特别重视真正起人视点分隔空间感觉的灌木层植物材料。

中国的古典园林，为什么给人曲径通幽、丰富多变的空间感觉？原理是在园路的周边通过植物、假山石，墙体，亭甚至地形进行分隔组织空间，界定出大小空间，这些空间的组织材料对人的视线开闭有度，在“围合”中，时隐时现的应用对景，透景，引景的手法，在方寸之地，给人无穷的空间变化，特别是留园中的空间序列变化，是其中的杰出代表。我们做植物设计，也可想象其中的植物材料对应的中国古典园林中的各种要素，对于空间，乔木更像亭，有柱有顶，但能看透，灌木更像看不透的墙体，地被如低矮景石，如湖边驳岸石，有界线感，但视线通透。

综上所述，我们在植物设计中，只有把握好乔灌草三层的组合，明确它们三者各自在空间营造中所起的作用，才能准切的应用这三者，从而更大程度的发挥它们在空间感营造上的作用。

## 3.1 概述

### 引例

让我们来看看以下现象：

玫瑰和木犀草种在一起，木犀草就会凋谢，这是什么原因造成的呢？

### 3.1.1 灌木定义

灌木是指那些没有明显的主干、呈丛生状态的树木，一般可分为观花、观果、观枝干等几类，矮小而丛生的木本植物。

常见灌木有玫瑰、杜鹃、牡丹、小檗、黄杨、沙地柏、铺地柏、连翘、迎春、月季、紫荆等。

### 3.1.2 灌木常见应用形式

(1) 代替草坪成为地被覆盖植物。对大面积的空地，利用小灌木一棵一棵紧密栽植，而后对植株进行修剪，使其平整划一，也可随地形起伏跌宕。虽是灌木所栽，但整体组合却是一片“立体草坪”之效果，成为园林绿化中的背景和底色。

(2) 代替草花组合成色块和各种图案。一些小灌木的叶、花、果具备不同的色彩，可运用小灌木密集栽植法组合成寓意不同的曲线、色块、花形等图案，这些色块和图案在园林绿地中或大片草坪中起到画龙点睛的作用。

(3) 花坛满栽。对一些形状各异的花坛，采取小灌木密集栽植法进行绿化美化，形成花镜、花台，会产生不同的视觉效果。

## 3.2 常见的灌木

### 3.2.1 常绿灌木

#### 1. 铺地柏 Sabina procumbens

(1) 科属。柏科圆柏属。

(2) 形态特征。铺地柏又称地柏、爬地柏，柏科常绿匍匐灌木，如图3.5所示。枝干贴近地面伸展，小枝密生。叶均为刺形叶，先端尖锐，3叶交互轮生，表面有2条白粉带。

(3) 生态习性。阳性树。耐寒，耐瘠薄，在砂地及石灰质壤土上生长良好，忌低温。

(4) 观赏特性与园林用途。在园林中可配植于岩石园或草坪角隅，又为缓土坡的良好地被植物，各地也经常盆栽观赏。日本庭院中在水面上的传统配植技法“流枝”，即用本种造成。有“银枝”、“金枝”及“多枝”等栽培变种。地柏盆景可对称地陈放在厅室几座上，也可放在庭院台坡上或门廊两侧，枝叶翠绿，蜿蜒匍匐，颇为美观。在春季抽出新生枝叶时，观赏效果最佳。生长季节不宜长时间放在室内，可移放在阳台或庭院中。我国各地园林中常见栽培，也为习见桩景材料之一。

图3.5　铺地柏

#### 2. 海桐 Pittosporum tobira

(1) 科属。海桐科海桐属。

图3.6 海桐

(2) 形态特征。树冠球形，如图3.6所示。干灰褐色，枝条近轮生，嫩枝绿色。单叶互生，有时在枝顶簇生，倒卵形或卵状椭圆形，先端圆钝，基部楔形，全缘，边缘反卷，厚革质，表面浓绿而有光泽。5月开花，花白色或淡黄色，有芳香，成顶生伞形花序。10月果熟，蒴果卵球形，有棱角，成熟时3瓣裂，露出鲜红色种子。

(3) 生态习性。为中性树种，在阳光下及半阴处均能良好生长。适应性强，有一定的抗旱、抗寒力，喜温暖、湿润气候。耐盐碱，对土壤的要求不严，喜肥沃、排水良好的土壤。耐修剪，萌芽力强。

(4) 观赏特性与园林用途。海桐四季碧绿，叶色光亮，自然生长呈圆球形，可孤植或丛植于草坪边缘或路旁、河边，也可群植组成色块。

### 3. 夹竹桃 Nerium indicum

(1) 科属。夹竹桃科夹竹桃属。

(2) 形态特征。常绿性灌木，如图3.7所示，叶3片轮生，革质，狭披针形或线状倒披针形，先端锐尖，聚伞花序顶生，花桃红、粉红或白色。花冠圆筒状钟形，径约5～7cm，有单瓣与复瓣之别，单瓣者有雄蕊5枚，心皮2枚，但相互离生；蓇葖果圆柱形，长20cm左右。种子上端密生淡褐色长毛。

(3) 生态习性。喜光，耐半阴。喜温暖湿润，畏严寒。能耐一定的大气干旱，忌水涝。生命力强，对土壤的要求不严。对二氧化硫、氯气等有害气体的抵抗力强。

图3.7 夹竹桃

(4) 观赏特性与园林用途。夹竹桃绿影凝翠，终年常绿，并自春末至秋初百花俱畏的赤日酷暑之下花簇若锦，长放不败，因而被称为“春至芳香能共远，秋来花叶不同浅”。是林缘、墙边、河旁及工厂绿化的良好观赏树种。植物姿态潇洒，花色艳丽，兼有桃竹之胜，自初夏开花，经秋乃止，有特殊香气，其又适应城市自然条件，是城市绿化的极好树种，常植于公园、庭院、街头、绿地等处；枝叶繁茂、四季常青，也是极好的背景树种；性强健、耐烟尘、抗污染，是工矿区等生长条件较差地区绿化的好树种。植株有毒，可入药，应用时应注意。

## 4. 枸骨 Ilex cornuta

(1) 科属。冬青科冬青属。

(2) 形态特征。常绿灌木或小乔木，如图3.8所示，高约1～3m；树皮灰白色，平滑。叶革质，长椭圆状四方形，长4～9cm，宽2～4cm，顶端有3枚尖硬刺齿，中央的刺齿反曲，基部两侧各有1～2刺齿，有时全缘，基部圆形，边缘硬骨质。花小，黄绿色，簇生于两年生枝条上。果实圆球形，成熟时鲜红色；分核4。花期4～5月，果熟期9～10月。常见栽培种有无刺枸骨，如图3.9所示。

(3) 生态习性。耐阴，喜温暖湿润的气候，适生于微酸性的肥沃湿润土壤。萌生力强，极耐修剪。

(4) 观赏特性与园林用途。观叶盆景，庭园栽培。

图3.8　枸骨

图3.9　无刺枸骨

## 5. 龟甲冬青 Ilex crenata cv.Convexa Makino

(1) 科属。冬青科冬青属。

(2) 形态特征。常绿灌木类，观叶类，矮灌木，叶小而密，花白色，果球形，黑色，如图3.10所示。

(3) 生态习性。耐阴。

(4) 观赏特性与园林用途：盆景、庭植观赏产地分布长江下游至华南。

图3.10 龟甲冬青

### 6. 山茶 Camellia japonica

(1) 科属。山茶科山茶属。

(2) 形态特征。常绿灌木或小乔木，高可达3～4m，如图3.11所示。树干平滑无毛。叶卵形或椭圆形，边缘有细锯齿，革质，表面亮绿色。花单生成对生于叶腋或枝顶，花瓣近于圆形，变种重瓣花瓣可达50～60片，花的颜色，红、白、黄、紫均有。花期因品种不同而不同，从十月至翌年四月间都有花开放。蒴果圆形，秋末成熟，但大多数重瓣花不能结果。

图3.11 山茶

(3) 生态习性。喜半阴，喜温暖湿润气候，酷热及严寒均不适应。最适宜生长温度为20～25℃。不耐碱性土壤，喜肥沃湿润、排水良好的微酸性土壤，对海潮风有一定抗性。

(4) 观赏特性与园林用途。山茶是中国传统名花，叶色翠绿而有光泽四季常青，花朵大，花色美。山茶花为我国著名观赏花卉，已有一千多年的栽培历史，品种极多。除栽培观赏外，其木材细致可作雕刻；花供药用，有收敛止血之功效；种子可榨油。

7. 茶梅 Camellia sasanqua

(1) 科属。山茶科山茶属。

(2) 形态特征。常绿灌木或小乔木，高可达1～2m；树冠球形或扁圆形，如图3.12所示。树皮灰白色。嫩枝有粗毛，芽鳞表面有倒生柔毛。叶互生，椭圆形至长圆卵形，先端短尖，边缘有细锯齿，革质，叶面具光泽，中脉上略有毛，侧脉不明显。白色或红色，略芳香。蒴果球形，稍被毛。花套瓣或半重瓣，花色除有红、白、粉红等色外，还有很多奇异的变色及红、白镶边等。花芳香，花期长，可自10月下旬开至来年4月。茶梅不仅花色美丽，淡雅兼备，且枝条大多横向展开，姿态丰满，树形优美。蒴果球形。茶梅品种较多，大多为白花，少数为红花。

(3) 生态习性。茶梅性强健，喜光，也稍耐阴，但在阳光充足处花朵更为繁茂。喜温暖、湿润气候，宜生长在排水良好、富含腐殖质、湿润的微酸性土壤，pH 5.5～6为宜。较耐寒。

(4) 观赏特性与园林用途。茶梅作为一种优良的花灌木，在园林绿化中有广阔的发展前景。茶梅树形优美、花叶茂盛的茶梅品种，可于庭院和草坪中孤植或对植；较低矮的茶梅可与其他花灌木配置花坛、花境，或作配景材料，植于林缘、角落、墙基等处作点缀装饰；茶梅姿态丰盈，花朵瑰丽，着花量多，适宜修剪，亦可作基础种植及常绿篱垣材料，开花时可为花篱，落花后又可为绿篱；还可利用自然丘陵地，在有一定庇荫的疏林中建立茶梅专类园，既可充分显示其特色，又能较好地保存种质资源。茶梅也可盆栽，摆放于书房、会场、厅堂、门边、窗台等处，倍添雅趣和异彩。

图3.12 茶梅

8. 含笑 Michelia figo

(1) 科属。木兰科含笑属。

(2) 形态特征。常绿灌木或小灌木，高达3～5m，由紧密的分枝组成圆形树冠，如图3.13所示。树皮灰褐色，小枝有环状托叶痕。嫩枝、芽、叶、柄、花梗均密生锈色绒毛。单叶互生，革质，椭圆形或倒卵形，先端渐尖或尾尖，基部楔形，全缘，叶面有光泽，叶背中脉上有黄褐色毛，叶背淡绿色。花单生于叶腋，4～5 月开花，花乳黄色，瓣缘常具紫色，有香蕉型芳香。

图3.13　含笑

(3) 生态习性。喜稍阴条件，不耐烈日暴露。喜温暖湿润环境，不甚耐寒，上海地区宜种植于背风向阳之处。不耐干燥贫瘠，喜排水良好、肥沃深厚的微酸性土壤，中性土壤也能适应，但在碱性土中生长不良，易发生黄化病。

(4) 观赏特性与园林用途。含笑自然长成圆形，枝密叶茂，四季常青。本种亦为著名芳香花木，适于在小游园、花园、公园或街道上成丛种植，可配植于草坪边缘或稀疏林丛之下。

### 9. 八角金盘 Fatsia japonica

(1) 科属。五加科八角金盘属。

(2) 形态特征。常绿灌木，如图3.14所示。叶大，掌状，5～7深裂，厚，有光泽，边缘有锯齿或呈波状，绿色有时边缘金黄色，叶柄长，基部肥厚。伞形花序集生成顶生圆锥花序，花白色。花期10～11月。浆果球形，紫黑色，外被白粉，翌年5月成熟。

图3.14　八角金盘

(3) 生态习性。耐阴、喜温暖湿润环境，耐寒，适应性强。较耐湿，怕干旱，畏酷热和强光暴晒，在荫蔽的环境和湿润、疏松、肥沃的土壤中生长良好。萌蘖性强。

(4) 观赏特性与园林用途。八角金盘是优良的观叶植物。适宜配植于庭院、门旁、窗边、墙隅及建筑物背阴处，也可点缀在溪流滴水之旁，还可成片群植于草坪边缘及林地。另外还可盆栽供室内观赏。对二氧化硫抗性较强，适于厂矿区、街坊种植。叶、根、皮均可入药。

10. 黄杨 Buxus sinica

(1) 科属。黄杨科黄杨属。

(2) 形态特征。黄杨又称瓜子黄杨、千年矮，黄杨科常绿灌木或小乔木，如图3.15所示。树干灰白光洁，枝条密生，枝四棱形。叶对生，革质，全缘，椭圆或倒卵形，先端圆或微凹，表面亮绿色，背面黄绿色。花簇生叶腋或枝端，4~5月开放，花黄绿色。蒴果卵圆形。该属还有雀舌黄杨，叶匙形或倒披针形，表面深绿色，有光泽；珍珠黄杨，常绿、灌木，叶形，有光泽。以上两种树姿优美，均为制作盆景的珍贵树种。

(3) 生态习性。喜半阴，适生于肥沃、疏松、湿润之地，酸性土、中性土或微碱性土均能适应。萌芽性强，耐修剪。

(4) 观赏特性与园林用途。黄杨盆景树姿优美，叶小如豆瓣，质厚而有光泽，四季常青，可终年观赏。杨派黄杨盆景，枝叶经剪扎加工，成“云片状”，平薄如削，再点缀山石，雅美如画。黄杨春季嫩叶初发，满树嫩绿，十分悦目。古人有咏黄杨诗：飓尺黄杨树，婆要枝千重，叶深圃翡翠，据古踞虬龙；描绘了黄杨风姿。黄杨是家庭培养盆景的优良材料。

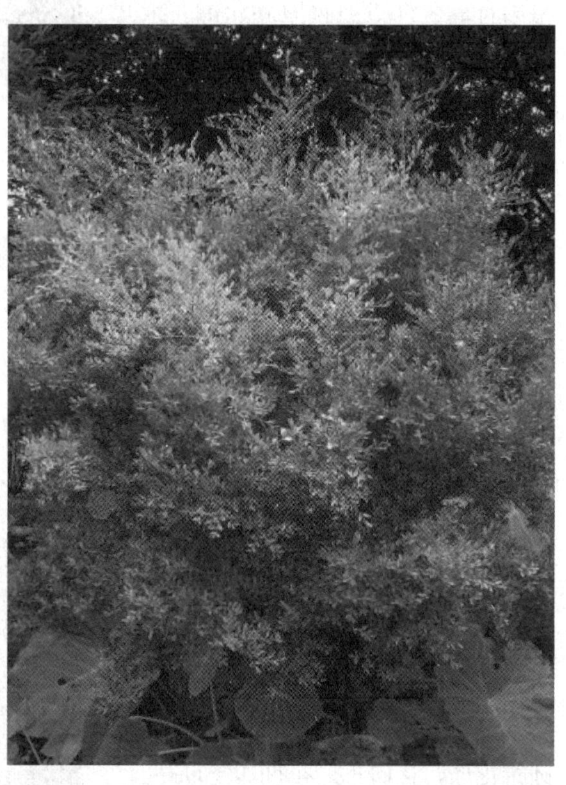

图3.15　黄杨

11. 冬青卫矛 Euonymus japonicus

(1) 科属。卫矛科卫矛属。

(2) 形态特征。常绿灌木或小乔木，如图3.16所示。高5~6m，小枝绿色，稍呈4棱。单叶对生，椭圆形或倒卵形，边缘有钝齿，表面深绿色，有光泽，革质。5月开花，花绿白色，5~12朵成聚伞花序，腋生于枝条顶部。10月果熟，蒴果扁球形，粉绿色，成熟后4瓣裂，假种皮橘红色。

(3) 常见的变种。①银边黄杨，叶片具乳白色狭边。②金边黄杨，叶缘金黄色。③金心黄杨，叶片中脉处有黄色条斑。

(4) 生态习性。适应性强，喜光，也能耐阴。喜温暖湿润气候，耐寒性略差。耐干燥瘠薄，喜肥沃湿润和排水良好的土壤。萌芽力强，耐修剪、耐碱性。

(5) 观赏特性与园林用途。枝叶密集而常青，生性强健，一般作绿篱种植，也可修剪成球形。

图3.16　冬青卫矛

12. 铁树 Cycas revoluta

(1) 科属。苏铁科苏铁属。

(2) 形态特征。常绿植物，如图3.17所示。茎干都比较粗壮，植株高度可以达8m。花期在7～8月。雌雄异株，雄花在叶片的内侧，雌花则在茎的顶部。

(3) 生态习性。喜强烈的阳光、温暖干燥的环境。要求肥沃、沙质、微酸性、有良好通透性的土壤。耐寒性较差，多是栽种在南方。

图3.17　铁树

(4) 观赏特性与园林用途。优美的观赏植物，多头分支的苏铁凭借其本身附带的热带气息以及独特的造型更胜单株苏铁一筹；其外观也更美观，可对应种植作景观树，或列植为行道树，也可三五群植造景，是充满贵族派的棕榈植物，在别墅群、房地产、公园、庭院、社区道路两旁绿化带造景等效果极佳。独特的造型、视觉的冲击，极具市场潜力，作为绿化苗木生产，它是目前绿化苗木中效益增值最佳的树种之一。

13. 桃叶珊瑚 Aucuba Chinensis

(1) 科属。山茱萸科桃叶珊瑚属。

(2) 形态特征。常绿灌木，如图3.18所示。小枝粗圆，叶对生，薄革质，椭圆状卵圆形至长椭圆形，先端急尖或渐尖，边缘疏生锯齿，两面油绿有光泽。圆锥花序顶生，花小，紫红或暗紫色。花期3～4月。果鲜红色。果熟期11月至翌年2月。

(3) 生态习性。喜温暖，不耐寒 极耐阴，夏日阳光暴晒时会引起灼伤而焦叶。喜湿润、排水良好的肥沃的土壤。对烟尘和大气污染的抗性强。

(4) 观赏特性与园林用途。桃叶珊瑚是优良的室内观叶植物及灌木，宜盆栽或庭院中栽植，其枝叶可用于插花。特别是它的叶片黄绿相映，十分美丽，宜栽植于园林的庇荫处或树林下。在华北多见盆栽供室内布置厅堂、会场用。

图3.18 桃叶珊瑚

### 14. 金叶女贞 Ligustrum Vicaryi

(1) 科属。木犀科女贞属。

(2) 形态特征。常绿或半常绿灌木，如图3.19所示。枝灰褐色。单叶对生，革质，长椭圆形，长3.5～6cm，宽2～2.5cm，端渐尖，有短芒尖，基部圆形或阔楔形，4～11月叶片呈金黄色，冬季呈黄褐色至红褐色。5～6月开花。10月下旬果熟，紫黑色。

图3.19 金叶女贞

(3) 生态习性。适应性强，抗干旱，病虫害少。萌芽力强，生长迅速，耐修剪，在强修剪的情况下，整个生长期都能不断萌生新梢。

(4) 观赏特性与园林用途。金叶女贞在生长季节叶色呈鲜丽的金黄色，可与红叶的紫叶小檗、红花檵木、绿叶龙柏、黄杨等组成灌木状色块，形成强烈的色彩对比，具极佳的观赏效果，也可修剪成球形。

### 15. 小叶女贞 Ligustrum quihoui

(1) 科属。木犀科女贞属。

(2) 形态特征。灌木，高2～3m，如图3.20所示。小枝密生细柔毛。叶薄革质，椭圆形或倒卵状长圆形，长1.5～5cm，宽0.8～1.5cm，无毛，顶端钝，基部楔形；叶柄有短柔毛。圆锥花序长7～22cm，有细柔毛；花白色，芳香，无柄；花冠筒和裂片等长，花药略伸出花冠外。核果宽椭圆形，黑色，长8～9mm。花期7～8月，果期10～11月。

(3) 生态习性。喜光，稍耐阴；喜温暖湿润气候，较耐寒；对二氧化硫、氯气、氯化氢、二氧化碳等有害气体抗性均强。对土壤要求不严，性强健，萌枝力强，耐修剪。

(4) 观赏特性与园林用途。对二氧化硫抗性强，可在大气污染严重地区栽植。

图3.20　小叶女贞

## 16. 小蜡 Ligustrum sinense

(1) 科属。木犀科女贞属。

(2) 形态特征。半常绿灌木，一般高2m左右，可高达6～7m；枝条密生短柔毛，如图3.21(a)所示。叶薄革质，椭圆形至椭圆状矩圆形，长3～7cm，顶端锐尖或钝，基部圆形或宽楔形，特别延中脉有短柔毛。圆锥花序长4～10cm，有短柔毛；花白色，花梗明显；花冠筒比花冠裂片短；雄蕊超出花冠裂片。花期4～5月。核果近圆状，直径4～5mm，如图3.21(b)所示。

(3) 生态习性。喜光，稍耐阴，较耐寒，耐修剪。对土壤湿度较敏感，干燥瘠薄地生长发育不良。

(4) 观赏特性与园林用途。本种有多个变种，常植于庭园观赏，丛植林缘、池边、石旁都可；规则式园林中常可修剪成长方、圆等几何形体；也常栽植于工矿区；其干老根古，虬曲多姿，宜作树桩盆景；江南常作绿篱应用。

(a)

(b)

图3.21　小蜡树

### 17. 四季桂 Osmanthus fragrans var. Semperflorens

(1) 科属。木犀科木犀属。

图3.22　四季桂

(2) 形态特征。叶互生，长椭圆形的叶丛生在枝端，新叶砖红色，主脉明显且隆起。花小又多，总状花序顶生或腋出，花冠四裂，乳白色，小而清香，全年都能开花，如图3.22所示。

(3) 生态习性。喜光，稍耐阴，不耐寒，忌涝地、碱地。

(4) 观赏特性与园林用途。花形小而有浓香，适合庭院栽培。

### 18. 云南黄馨 Jasminum mesnyi

图3.23　云南黄馨

(1) 科属。木犀科茉莉属。

(2) 形态特征。小枝光滑有四个棱角，三出复叶，对生，长椭圆形至披针形，花单独腋生，春季开金黄色花，花冠裂片 6～9枚，单瓣或复瓣。枝拱垂，花黄色，春季开花，如图3.23所示。

(3) 生态习性。中性，喜温暖，不耐寒，适应性强。

(4) 观赏特性与园林用途。庭院观赏、花篱。

### 19. 红花檵木 Redrlowered Loropetalum

图3.24　红花檵木

(1) 科属。金缕梅科檵木属。

(2) 生态习性。喜温暖向阳的环境和肥沃湿润的微酸性土壤。适应性强，耐寒、耐旱。不耐瘠薄。发枝力强，耐修剪，耐蟠扎整形。

(3) 形态特征。常绿灌木或小乔木，高4～9cm，如图3.24所示。小枝、嫩叶及花萼均有绣色星状短柔毛。叶暗紫色，卵形或椭圆形，先端锐尖，全缘，背面密生星状柔毛。花瓣4枚，紫红色线形长1～2cm，花3朵至8朵簇生于小枝端。蒴果褐色，近卵形，花期5月，果8月成熟。

(4) 观赏特性与园林用途。常年叶色鲜艳，枝盛叶茂，特别是开花时瑰丽奇美，极为夺目，是花叶俱美的观赏树木。常用于色块布置或修剪成球形，也是制作盆景的好材料。

### 20. 小叶蚊母 Distylium buxifolium

(1) 科属。金缕梅科蚊母属。

(2) 形态特征。常绿小灌木，如图3.25所示，株高1～2m，成丛生长，侧枝多，树形紧凑。嫩枝无毛或稍被柔毛，紫褐色；成熟枝呈黑褐色，芽被褐色柔毛。叶倒披针形或长圆状倒披针形；嫩叶淡绿色、淡黄绿色、紫红色或粉红色，呈半透明状，成熟叶深绿色。穗状花序，花序轴被毛，苞片条状披针形，萼片披针形，花期2月至4月，花红色或紫红色。果长7～8mm，被星状绒毛。

(3) 生态习性。枝条萌蘖能力强，耐修剪。单叶叶龄长，集中落叶期不明显，使树体终年能保持枝叶繁茂状态。根系发达，新根和不定根萌蘖能力强。

图3.25　小叶蚊母

(4) 观赏特性与园林用途。小叶蚊母的生态适应性强且树形紧凑，枝叶浓密，嫩叶颜色丰富，花多色艳，景观效果持久，使其成为良好的造景材料。在园林造景中，可广泛应用于道路隔离带绿化、花坛绿化、庭院绿地等。特别是该树枝条婆娑、树高增长慢、大面积群植冠面不易乱，非常适合大型绿地的大型色块、生态绿地的林下地被中使用。此外由于其根系发达，还可用于道路和水库的边坡绿化，能很好地满足景观与固土护坡双重需要。小叶蚊母可替代传统绿色灌木地被，如龟甲冬青、瓜子黄杨、龙柏、十大功劳等，也可与红檵木、金叶女贞等不同彩度不同质地的绿色地被搭配使用，是理想的园林灌木地被新品种。

小叶蚊母还可以孤植、丛植于水边、亭边、假山和山坡上，也是制作盆景的良好材料。

## 21. 六月雪 Serissa foetida

(1) 科属。茜草科六月雪属。

(2) 形态特征。分枝繁多。叶小，对生，卵形或椭圆形，全缘，薄革质，表面翠绿，如图3.26所示。夏季开小白花，单生或多朵簇生于小枝顶端，似白雪缀满枝头。

(3) 生态习性。喜温暖、湿润气候，不耐严寒。喜半阴半阳的环境，不宜强光直射。在排水良好、疏松、肥沃的中性或微酸性沙质壤土中生长最好。萌芽力、萌蘖力都很强，耐修剪，适应性较强。

图3.26　六月雪

(4) 观赏特性与园林用途。枝条纤细，成株分枝浓密，花白色，漏斗形，花期夏季，盛开时如同雪花散落，故名“六月雪”，适于造型，是观花赏叶的极好盆景树种。

## 22. 小叶栀子 Gardenia stenophylla

(1) 科属。茜草科栀子属。

(2) 形态特征。常绿灌木或小乔木，如图3.27所示，高1～2m，植株大多比较低矮。干灰色，小枝绿色，叶对生或主枝轮生，倒卵状长椭圆形，长5～14cm，有光泽，全缘，花单生枝顶或叶腋，白色，浓香；花冠高脚碟状，6裂，肉质。果实卵形，具6纵棱；种子扁平，花期6～8月，果熟期10月。

(3) 生态习性。性喜温暖湿润气候，不耐寒；好阳光但又不能经受强烈阳光的照射，适宜在稍蔽荫处生活；适宜生长在疏松、肥沃、排水良好、轻粘性酸性土壤中，是典型的酸性花卉。对二氧化硫有抗性。

图3.27　小叶栀子

(4) 观赏特性与园林用途。栀子花叶色四季常绿，花芳香素雅，绿叶白花，格外清丽可爱。它适用于阶前、池畔和路旁配置，也可用作花篱和盆栽观赏，花还可做插花和佩带装饰。栀子花枝叶繁茂，花朵美丽，香气浓郁，为庭院中优良的美化材料，还可供盆栽或制作盆景，切花，果皮作黄色染料，木材坚硬细致，为雕刻良材。

### 23. 栀子 Gardenia jasminoides

(1) 科属：茜草科栀子属

(2) 形态特征：灌木，通常高1米余。叶对生或3叶轮生，有短柄；叶片革质，形状和大小常有很大差异，通常椭圆状倒卵形或矩圆状倒卵形，长5-14厘米，宽2-7厘米，顶端渐尖，稍钝头，上面光亮，仅下面脉腋内簇生短毛；托叶鞘状。花大，白色，芳香，有短梗，单生枝顶；萼全长2-3厘米，裂片5-7，条状披针形，通常比筒稍长；花冠高脚碟状，筒长通常3-4厘米，裂片倒卵形至倒披针形，伸展，花药露出。果黄色，卵状至长椭圆状

图3.28 栀子花

(3) 生态习性：与小叶栀子类似

(4) 观赏特性与园林用途：栀子花叶色四季常绿，花芳香素雅，绿叶白花，格外清丽可爱。它适用于阶前、池畔和路旁配置，也可用作花篱和盆栽观赏，花还可做插花和佩带装饰。

### 24. 棕竹 Rhapis excelsa

(1) 科属。棕榈科棕竹属。

(2) 形态特征。株高2～3m，茎圆柱形，有节，如图3.29所示。叶掌状，4～10深裂，裂片条状披针形或宽披针形。肉穗花序，多分枝；雌雄异株，雄花小，淡黄色，雌花大，卵状球形。

图3.29 棕竹

(3) 生态习性。为常绿丛生灌木。喜温暖、阴湿环境，生长适温20～30℃，越冬温度得低于4℃。要求排水良好，富含腐殖质的砂质壤

土。分蘖力较强。

(4) 观赏特性与园林用途。棕竹株丛挺拔，叶形秀丽，配植于窗前、路旁、花坛、廊隅处均极为美观，也可盆栽培装饰室内或制作盆景。

### 25. 南天竹 Nandina domestica

(1) 科属。小檗科南天竹属。

(2) 形态特征。常绿灌木，如图3.30所示。干直立。叶互生。2回～3回羽状复叶，小叶椭圆状披针形，全缘。圆锥花序顶生，花小白色。花期5～7月。浆果球形，鲜红色。果期10～11月。

(3) 生态习性。喜半阴，较耐寒，喜石灰性土壤。

(4) 观赏特性与园林用途。南天竹树干丛生，枝叶扶疏，清秀挺拔，秋冬时叶色变红，且红果累累，经久不落，为赏叶观果的优良树种。可植于山石旁、庭屋前或墙角背阴处，也可丛植于林缘荫处。

图3.30　南天竹

### 26. 狭叶十大功劳 Mahonia fortunei

(1) 科属。小檗科十大功劳属。

(2) 形态特征。常绿灌木，高达2m，如图3.31所示。根和茎断面黄色，叶苦。一回羽状复叶互生，长15～30cm；小叶3～9，革质，披针形，长5～12cm，宽1～2.5cm，侧生小叶片等长，顶生小叶最大，均无柄，先端急尖或渐尖，基部狭楔形，边缘有6～13刺状锐齿；托叶细小，外形。总状花序直立，4～8个族生；萼片9，3轮；花瓣黄色，6枚，2轮；花梗长1～4mm。浆果圆形或长圆形，长4～6mm，蓝黑色，有白粉。花期7～10月。

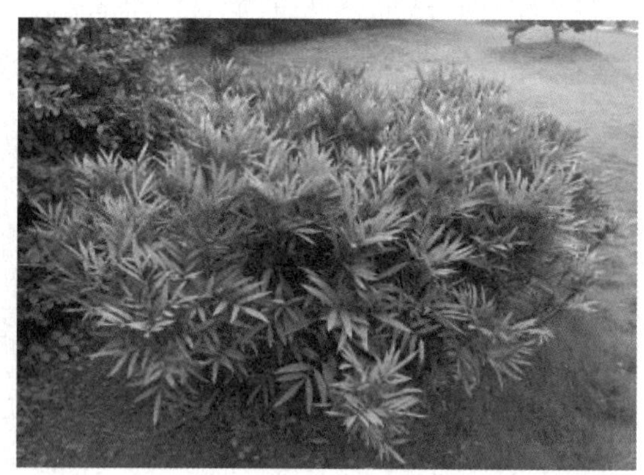

图3.31　狭叶十大功劳

(3) 生态习性。耐阴，耐贫瘠，抗性强。

(4) 观赏特性与园林用途。庭院、林源及草地边缘，或做绿篱或地被片植。

### 27. 平枝栒子 Cotoneaster horizontalis

(1) 科属。蔷薇科栒子属。

(2) 形态特征。常绿低矮灌木，如图3.32所示。枝开展成整齐二列状。叶小，厚革质，近圆形或宽椭圆形，先端急尖，基部楔形，全缘，背面疏被平伏柔毛。花小，无柄，单生或2朵并生，粉红色。花期5～6月。果近球形，鲜红色，果期9～12月。

(3) 生态习性。栒子栽培简单，易成活，不择土壤，在贫瘠的土壤包括白垩土上均可生长，但是在缺水、干燥的地方生长不良。耐修剪，可在一年的任何时候进行修剪，重剪可促进营养生长，抑制开花。

图3.32 平枝栒子

(4) 观赏特性与园林用途。结实繁多，入秋颗颗红艳夺目，累累挂满枝头，如镶嵌的粒粒红色玛瑙，烁烁生光。它能够经受严冬的考验，在料峭的寒风中，在茫茫雪野中，依然红艳似火，极为美丽，给萧瑟的严冬增添一份勃勃生机。

### 28. 红叶石楠 *Photinia serrulata*

(1) 科属。蔷薇科石楠属。

(2) 形态特征。常绿灌木或小乔木，高4～6m，稀可达12m；小枝褐灰色，无毛，如图3.33所示。叶革质，长椭圆形、长倒卵形或倒卵状椭圆形，先端尾尖，基部圆形或宽楔形，边缘有疏生带腺细锯齿，近基部全缘，无毛；叶柄老时无毛。复伞房花序顶生，总花梗和花梗无毛；花白色。梨果球形，红色或褐紫色。春秋两季，红叶石楠的新梢和嫩叶火红，色彩艳丽持久，极具生机。在夏季高温时节，叶片转为亮绿色，给人清新凉爽之感。

图3.33 红叶石楠

(3) 生态习性。红叶石楠有很强的适应性，耐低温，耐土壤瘠薄，有一定的耐盐碱性和耐干旱能力。性喜强光照，也有很强的耐阴能力，但在直射光照下，色彩更为鲜艳。

(4) 观赏特性与园林用途。生长速度快，且萌芽性强，耐修剪，可根据园林需要栽培成不同的树形，在园林绿化上用途广泛。一至二年生的红叶石楠可修剪成矮小灌木，在园林绿地中作为地被植物片植，或与其他彩叶植物组合成各种图案；也可培育成独干不明显、丛生形的小乔木，群植成大型绿篱或幕墙，在居住区、厂区绿地、街道或公路绿化隔离带应用，当树篱或幕墙一片火红之际，非常艳丽，极具生机盎然之美；红叶石楠还可培育成独干、球形树冠的乔木，在绿地中孤植，或作行道树，或盆栽后在门廊及室内布置。

29. 火棘 Pyracantha fortuneana

(1) 科属。蔷薇科火棘属。

图3.34　火棘

(2) 形态特征。常绿灌木或小乔木，如图3.34所示。枝条暗褐色，枝拱形下垂，幼枝有锈色短柔毛，短侧枝常成刺状。单叶互生，倒卵状矩圆形，前端钝圆或微凹，有时有短尖头，基部楔形，边缘有钝锯齿，亮绿色。5月开白色花，由多数花集成复伞房花序。10月时果熟，小球果橘红或鲜红色，果实经久不落，可延至翌年3月。

(3) 生态习性。喜阳光，稍耐阴，但偏阴时会引起严重的落花落果。耐旱，生命力强。不择土壤，适生于湿润、疏松、肥沃的壤土。萌芽力强，耐修剪。

(4) 观赏特性与园林用途。火棘入夏时白花点点，入秋后红果累累，是观花观果的优良树种，在园林中可丛植、孤植配置，也可修成球形或绿篱。果枝还是瓶插的好材料，红果可经久不落。

30. 地中海荚蒾 Viburnum tinus

(1) 科属。忍冬科荚蒾属。

(2) 形态特征。地中海荚蒾冠呈球形，冠径可达2.5～3m，如图3.35所示。叶椭圆形，深绿色，叶长10cm，聚伞花序，单花小，仅0.6cm，花蕾粉红色，花蕾期很长，可达5个多月，盛开后花白色，整个花序直径达10cm，花期在原产地从11月直到翌春4月。在上海地区10月初便可见细小的黄绿色花蕾，随着花序的伸长，花蕾越来越密集覆盖于枝顶，颜色也逐步加深呈殷红色，远远望去像一片片红云，飘浮在墨绿色的树冠上，格外引人注目，为冬日增添了暖意和生气。盛花期在3月中下旬，红云般的花蕾绽放成雪白一片，在春日的百花园里大放光彩。果卵形，深蓝黑色，径0.6cm。

图3.35　地中海荚蒾

(3) 生态习性。地中海荚蒾，较容易分化花芽，一二年生幼树常见开花。如果适当控制营养生长，也可使其在夏季或秋季开花，群植则可在一年中常见有花植株。

(4) 观赏特性与园林用途。生长快速，枝叶繁茂，耐修剪，适于作绿篱，也可栽于庭园观赏，是长江三角洲地区冬季观花植物中不可多得的常绿灌木。

### 31. 法国冬青 Viburnum odoratissimum

(1) 科属。忍冬科荚蒾属。

(2) 形态特征。枝干挺直，树皮灰褐色，皮孔圆形，如图3.36所示。叶对生，长椭圆形或倒披针形，边缘波状或具有粗钝齿，近基部全缘，表面暗绿色，背面淡绿色，终年苍翠欲滴。圆锥状伞房花序顶生，花白色，钟状，有香味。花期5~6月，果期10月。

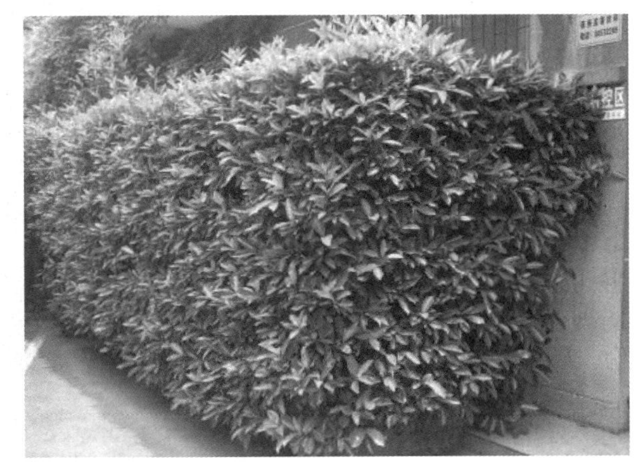
图3.36　法国冬青

(3) 生态习性。喜温暖湿润。在潮湿肥沃的中性壤土中生长旺盛，酸性和微酸性土均能适应，喜光亦耐阴。根系发达，萌芽力强，特耐修剪，极易整形。

(4) 观赏特性与园林用途。绿篱。

### 32. 伞房决明 Cassia corymbosa

(1) 科属。豆科决明属。

(2) 形态特征。常绿灌木，如图3.37所示。高2~3m，多分枝，枝条平滑，叶长椭圆状披针形，叶色浓绿，由3~5对小叶组成复叶。圆锥花序伞房状，鲜黄色，花瓣阔，3~5朵腋生或顶生，花期7月中下旬至10月。先期开放的花朵，先长成纤长的豆荚。荚果圆柱形，长5～8cm。花实并茂，果实直挂到次年春季。

(3) 生态习性。阳性树种，喜光。较耐寒，耐瘠薄，对土壤要求不严，暖冬不落叶，生长快，耐修剪。

(4) 观赏特性与园林用途。在园林绿化中装饰林缘，或作低矮花坛、花境的背景材料；孤植、丛植和群植均可；可用于道路两侧绿化或作色块布置。 也可用于庭园和公路绿化。

图3.37 伞房决明

## 33. 凤尾兰 Yucca gloriosa

(1) 科属。百合科丝兰属。

(2) 形态特征。常绿灌木，茎通常不分枝或分枝很少，如图3.38所示。叶片剑形，长40～70cm，宽3～7cm，顶端尖硬，螺旋状密生于茎上，叶质较硬，有白粉，边缘光滑或老时有少数白丝(区别于丝兰) 。圆锥花序高1米多，花朵杯状，下垂，花瓣6片，乳白色，合成心皮雌蕊，是上位子房下位花，花期6～10月。蒴果椭圆状卵形，不开裂。

图3.38 凤尾兰

(3) 生态习性。喜温暖湿润和阳光充足环境，耐寒，耐阴，耐旱也较耐湿，对土壤要求不严。对有害气体如$SO_2$、HCl、HF等都有很强的抗性和吸收能力。

(4) 观赏特性与园林用途。凤尾兰常年浓绿，花、叶皆美，树态奇特，数株成丛，高低不一，叶形如剑，开花时花茎高耸挺立，花色洁白，繁多的白花下垂如铃，姿态优美，花期持久，幽香宜人，是良好的庭园观赏树木，也是良好的鲜切花材料。常植于花坛中央、建筑前、草坪中、池畔、台坡、建筑物、路旁及绿篱等栽植用。

34. 金丝桃 Hypericum monogynum L

(1) 科属。藤黄科金丝桃属。

(2) 形态特征。半常绿小灌木，如图3.39所示，小枝纤细且多分枝，叶纸质、无柄、对生、长椭圆形，花期6～7月，常见3～7朵集合成聚伞花序着生在枝顶，此花不但花色金黄，而且呈束状纤细的雄蕊花丝也灿若金丝，惹人喜爱。常见变种有红果金丝桃(如图3.40)。

(3) 生态习性。此花原产我国中部及南部地区，常野生于湿润溪边或半阴的山坡下，爱温暖湿润气候，喜光，略耐阴，耐寒，对土壤要求不严，除黏重土壤外，在一般的土壤中均能较好地生长。

(4) 观赏特性与园林用途。金丝桃花叶秀丽，是南方庭院的常用观赏花木。可植于林荫树下，或者庭院角隅等。

图3.39　金丝桃

图3.40　红果金丝桃

## 3.2.2 落叶灌木

1. 贴梗海棠 Chaenomeles speciosa

(1) 科属。蔷薇科木瓜属。

(2) 形态特征。蔷薇科，木瓜属，落叶灌木，高达2m，有刺，如图3.41所示。小枝平滑，无毛。叶卵形或椭圆形，长39cm，先端渐尖，表面无毛，有光泽。花3～5朵簇生，花梗短粗或近无梗，粉红色、朱红色或白色，花期3～5 月。果卵形至球形，黄色或黄绿色，芳香，8～9 月成熟。

(3) 生态习性。喜光，较耐寒，不耐水淹，不择土壤，但喜肥沃、深厚、排水良好的土壤。

(4) 观赏特性与园林用途。花色红黄杂揉，相映成趣，“占春颜色最风流”，为良好的观花、观果花木。可孤植或与迎春、连翘丛植。果实可入药。

图3.41 贴梗海棠

2. 麻叶绣球(绣球绣线菊) Spiraea Contoniensis

(1) 科属。蔷薇科绣线菊属。

(2) 形态特征。落叶灌木，高1.5m，如图3.42所示。枝细长，暗红色，光滑无毛。单叶互生，叶菱状披针形至菱状矩圆形，先端尖，基部楔形，缘有缺刻状锯齿，两面无毛。4~5 月开白色小花，花10~30 朵集成半球状伞形花序，着生于新枝顶端。果熟期10~11 月，蓇葖果。

(3) 生态习性。喜温暖和充足阳光环境，较耐干旱，稍耐阴，对土壤要求不严，以肥沃湿润的土壤为好，在北方栽种冬季需加保护。

(4) 观赏特性与园林用途。麻叶绣球枝条细柔，盛开白花时，非常耐看，好似雪盖树冠，娇嫩大方，可丛植于池畔、山坡、径旁或草坪角隅，也可在建筑物或路边条植成花篱。

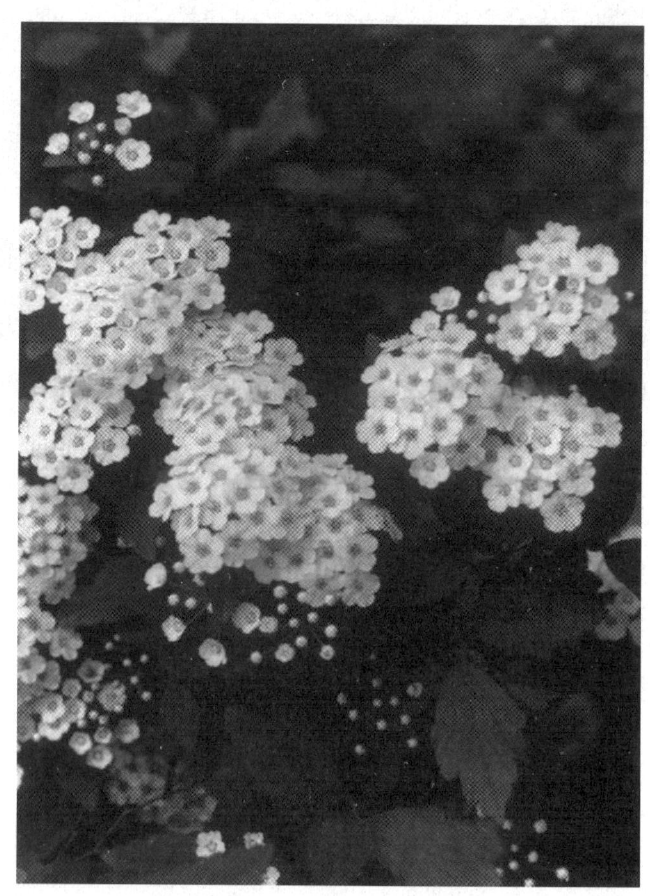

图3.42 麻叶绣球

### 3. 棣棠 Kerria japonica

(1) 科属。蔷薇科棣棠花属。

(2) 形态特征。落叶丛生灌木，高1.5m左右。小枝绿色，有纵棱。单叶互生，卵形或卵状披针形，先端渐尖，基部截形或近圆形，边缘具重锯齿，叶面鲜绿色，有托叶。4～5月开金黄色花，单生于侧枝顶端，花瓣五。瘦果褐黑色，8月果熟。如图3.43所示。

(3) 生态习性。喜温暖、湿润环境。喜光，稍耐阴。较耐湿，不耐严寒。对土壤要求不高。萌蘖力强，能自然更新植株。

(4) 观赏特性与园林用途。落叶丛生无刺灌木，小枝“之”字形，园林庭院栽培普遍。棣棠花色金黄，枝叶鲜绿，花期从春末到初夏，柔枝垂条，缀以金英，别具风韵，适宜栽植花镜、花篱或建筑物周围作基础种植材料，墙际、水边、坡地、路隅、草坪、山石旁丛植或成片配置，可作切花。其变种重瓣棣棠：花重瓣，观赏价值更高，并可作切花材料，在园林、庭院种广泛栽培。如图3.44所示。

图3.43 棣棠

图3.44 重瓣棣棠



### 4. 月季 Rosa chinensis

(1) 科属。蔷薇科蔷薇属。

(2) 形态特征。落叶灌木。如图3.45所示。枝干特征因品种而不同。有高达100～150cm 直立向上的直生型；有高度60～100cm 枝干向外侧生长的扩张型；有高不及30cm 矮生型或匍匐型；还有枝条呈藤状依附它物向上生长的攀缘型。月季的枝干除个别品种光滑无刺外，一般均具皮刺，皮刺的大小、形状疏密因品种而异。叶互生，由3～7枚小叶组成奇数羽状复叶，卵形或长圆形，有锯齿，叶面平滑具光泽，或粗糙无光。花单生或丛生于枝顶，花型及瓣数因品种而有很大差异，色彩丰富，有些品种具淡香事或浓香。

(3) 生态习性。依花色分：有白、绿、黄、粉、红、紫等色，以及复色或具条纹及斑点。依花型分：有花朵直径在10cm 以上的大花品种，直径在10cm 以下、5cm 以上的中花品种和直径在5cm 以下的小花品种及微型品种。依植株形态分：有植株高大、直立挺拔的直立型和枝条柔软而长、依附它物生长的攀缘月季。

(4) 观赏特性与园林用途。月季是我国重要花卉之一，是花坛、花带、花篱栽植的优良材料。

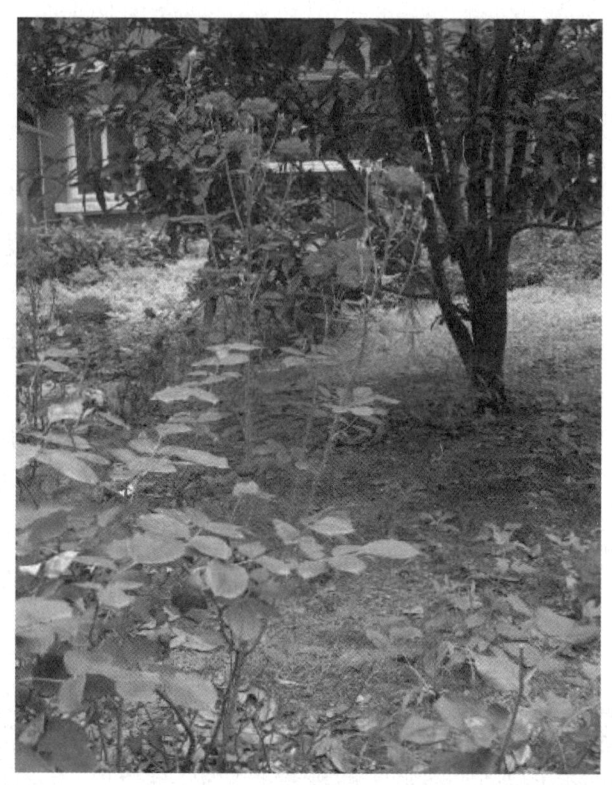
图3.44　月季

**特别提示**

引例的解答：玫瑰和木犀草种在一起，木犀草就会凋谢。木犀草在凋谢前也会放出一种物质使玫瑰中毒死亡。

### 5. 玫瑰 Rosa hybrida

(1) 科属。蔷薇科蔷薇属。

(2) 形态特征。落叶小乔木及灌木，如图3.45所示。枝条伸展而有锐刺；叶为奇数羽状复叶，互生，小叶卵形，先端尖，锐锯齿缘；园艺品种数万种，花色、花型，单瓣或重瓣，变化丰富。花紫红，花期5月。

图3.45　玫瑰花

(3) 生态习性。阳性，耐寒，耐干旱，不耐积水。

(4) 观赏特性与园林用途。庭栽，盆栽观赏，花材，花极具观赏价值及可药用。

## 6. 野蔷薇 Rosa multifora

(1) 科属。蔷薇科蔷薇属。

(2) 形态特征。茎长，上升或攀缘，托叶下有刺，如图3.47所示。小叶5～9，倒卵形至椭圆形，长1.5～3cm，缘有齿，两面有毛；托叶明显，缘尖锯齿。花多朵成密集圆锥状伞房花序，白色或略带粉晕，芳香。果近球形，径约6mm，褐红色。花期5～6月，果熟期10～11月。变形：七姊妹，叶大，花常6～9朵聚在一起；荷花蔷薇，花重瓣，粉红色，多朵成簇。

图3.47 野蔷薇

(3) 生长习性。喜阳光和温和、湿润的环境，生活力强，适应性广，耐寒，耐旱。在当年生新枝上孕蕾开花。对土壤要求不严，酸性、盐碱地均能生长。

(4) 观赏特性与园林用途。观花，基础种植，河坡悬垂，也可植于围墙旁，引其攀附。

## 7. 日本绣线菊 Spiraea japonica

(1) 科属。蔷薇科绣线菊属。

(2) 形态特征。株高达1.5m，枝干光滑，或幼时具细毛，叶卵形至卵状长椭圆形，长2～8cm，先端尖，叶缘有缺刻状重锯齿，叶背灰蓝色，如图3.48所示。脉上常有短柔毛，花淡粉红色至深粉红色，偶有白色者，簇聚于有短柔毛的复伞花序上，雄蕊较花瓣长，花期6～7月。

图3.48 日本绣线菊

(3) 生态习性。原产日本，我国华东有栽培，产江西、湖北、贵州等地。性强健，喜光照，亦略耐阴，耐寒，耐旱。

(4) 观赏特性与园林用途。花色娇艳，花朵繁多，可在花坛、花境、草坪及园路角隅处构成夏日美景，也可作基础种植之用。

### 8. 风箱果 Physocarpus amurensis

(1) 科属。蔷薇科风箱果属。

(2) 形态特征。灌木，高达3m；如图3.49所示。小枝圆柱形，稍弯曲，无毛或近于无毛，幼时紫红色，老时灰褐色，树皮成纵向剥裂；冬芽卵形，先端尖，外面被短柔毛。叶片三角卵形至宽卵形，先端急尖或渐尖，基部心形或近心形，稀截形，通常基部3裂，稀5裂，边缘有重锯齿，下面微被星状毛与短柔毛，沿叶脉较密；叶柄微被柔毛或近于无毛；托叶线状披针形，顶端渐尖，边缘有不规则尖锐锯齿，无毛或近于无毛，早落。花序伞形总状，总花梗和花梗密被星状柔毛；苞片披针形，顶端有锯齿，两面微被星状毛，早落；花萼筒杯状，外面被星状绒毛；萼片三角形，先端急尖，全缘，内外两面均被星状绒毛；花瓣倒卵形先端圆钝，白色；雄蕊着生在萼筒边缘，花药紫色；蓇葖果膨大，卵形。长渐尖头，熟时沿背腹两缝开裂，外面微被星状柔毛，内含光亮黄色种子2～5枚。 花期6月，果期7～8月。常见变种有金叶风箱果，如图3.50所示。

(3) 生态习性。性喜光，耐寒，耐瘠薄，耐粗放管理。

(4) 观赏特性与园林用途。风箱果夏季开花，花序密集，花色美丽，初秋果实变红，颇为美观。可植于亭台周围、丛林边缘及假山旁边。

图3.49 风箱果

图3.50 金叶风箱果

### 9. 海仙花 Weigela coraeensis

(1) 科属。忍冬科锦带花属。

(2) 形态特征。落叶灌木，高可达5m。如图3.51所示。枝条粗壮，小枝平滑无毛。叶对生，椭圆形至卵状椭圆形，先端突尖，边缘有钝锯齿，表面除叶脉有毛外，其余无毛而有光泽，背面脉上疏生毛或全平滑无毛。有总柄的聚伞花序生于短侧枝顶端，每花序有花2～3朵，萼片5裂，线状披针形，离生花冠漏斗状钟形，自下部至中部突狭，初为淡玫瑰色，后渐变为深红色。蒴果柱状，长约2cm，光滑，种子有翅。

图3.51　海仙花

(3) 生态习性。喜光也耐阴，耐寒，适应性强，对土壤要求不严，能耐瘠薄，在深厚湿润、富含腐殖质的土壤中生长最好，要求排水性能良好，忌水涝。生长迅速强健，萌芽力强。病虫害很少。

(4) 观赏特性与园林用途。庭园观赏，草坪丛植。

### 10. 锦带花 Weigela florida

(1) 科属。忍冬科锦带花属。

(2) 形态特征。落叶灌木，如图3.52所示。幼枝有柔毛。单叶对生，具短柄，叶片椭圆形或卵状椭圆形，先端渐尖，基部圆形，边缘有锯齿。叶面深绿色，背面青白色，脉上有短柔毛或绒毛。花1～4朵组成伞房花序，着生小枝的顶端或叶腋，花冠漏斗状钟形，花径约3cm，紫红至淡粉红色、玫瑰红色，里面较淡，萼筒绿色，花期5～6月。蒴果柱状，种子细小。果期10月。常见的变种有金叶锦带(图3.53)、双色锦带(图3.54)。

图3.52　锦带花

图3.53　金叶锦带

(3) 生态习性。喜光，耐阴，耐寒；对土壤要求不严，能耐瘠薄土壤，但以深厚、湿润且腐殖质丰富的土壤生长最好，怕水涝。萌芽力强，生长迅速。

图3.54 双色锦带

(4) 观赏特性与园林用途。锦带花的花期正值春花凋零、夏花不多之际，花色艳丽而繁多，故为重要的观花灌木之一，其枝叶茂密，花色艳丽，花期可长达连个多月。适宜庭院墙隅、湖畔群植；也可在树丛林缘作篱笆、丛植配置；点缀于假山、坡地。锦带花对氯化氢抗性强，是良好的抗污染树种。花枝可供瓶插。

## 11. 牡丹 Paeonia Suffruticosa

(1) 科属。芍药科芍药属。

(2) 形态特征。牡丹生长缓慢，株型小，株高多在0.5～2m之间；根肉质，粗而长，中心木质化，长度一般在0.5～0.8 m，极少数根长度可达2m；根皮和根肉的色泽因品种而异；枝干直立而脆，圆形，为从根茎处丛生数枝而成灌木状，如图3.55，当年生枝光滑、草木，黄褐色，常开裂而剥落；叶互生，叶片通常为三回三出复叶，枝上部常为单叶，小叶片有披针、卵圆、椭圆等形状，顶生小叶常为2～3 裂，叶上面深绿色或黄绿色，下为灰绿色，光滑或有毛；花单生于当年枝顶，两性，花大色艳，形美多姿，花径10～30cm；花的颜色有白、黄、粉、红、紫红、紫、墨紫(黑) 、雪青(粉蓝) 、绿、复色十大色；蓇葖五角，每一果角结籽7～13 粒，种籽类圆形，成熟时为共黄色，老时变成黑褐色，如图3.55所示。

图3.55 牡丹

(3) 生态习性。牡丹在进化过程中，形成了生育与其周围环境条件相统一的习性。中国牡丹属于典型的温带树种。它们都集中地分布在我国西南部高山与中北部黄土高原和丘陵地带。它们都适应于温带的气候特点，并形成了喜欢温和凉爽，具有一定的耐寒性；宜高燥惧湿热；喜阳光稍耐半阴的共同生态习性。

(4) 观赏特性与园林用途。庭园观赏。

### 12. 迎春 Jasminum nudiflorum

(1) 科属。木犀科茉莉花属。

(2) 形态特征。落叶灌木，高可达2～5m，如图3.56所示，小枝细长拱形，丛生、枝绿色四棱形，叶对生，小叶3片，长圆形或卵圆形，花黄色单生，展叶前开放，花冠5～6裂，倒卵形，早春3～4月开花，在春季花卉种领先，故名迎春。11月落叶。

图3.56 迎春

(3) 生态习性。喜光，略耐阴。不耐寒，对土壤要求不严。适应性强，为温带树种，喜温暖、湿润环境，耐寒。耐旱，但怕涝。较耐碱。萌芽、萌蘖力强。

(4) 观赏特性与园林用途。植株铺散，枝条鲜绿，早春黄花可爱，是很好的绿篱材料。

### 13. 银芽柳 Salix leucopi thecia

(1) 科属。杨柳科柳属。

(2) 形态特征。落叶灌木类，如图3.57所示。观花类，株高3m，幼枝有回毛，次年即光滑。叶椭圆状长圆形至长圆状倒卵形或长圆形，长5～10cm，先端尖锐、边缘有锯齿，叶背有灰色柔毛，叶柄4～8mm，有柔毛，托叶心脏形。柔荑花序先叶开放，无柄，密生丝状毛，有光泽。落叶灌木或小乔木，春季银色的花蕾像串串绒球挂满枝条，十分美观。

图3.57 银芽柳

(3) 生态习性。耐寒性强，喜光，喜湿润，稍耐盐碱，耐修剪、耐涝、耐寒。在水边生长良好。

(4) 观赏特性与园林用途。①是极优秀的观赏树种，②性喜半荫、湿润和温暖，不甚耐寒。好肥沃而排水良好的疏松土壤。萌蘖力强。是良好的观花植物，银芽柳银色花序十分美观，系观芽植物。水养时间耐久，适于瓶插观赏，是春节主要的切花品种。多与一品红、水仙、黄花、山茶花、蓬莱松叶等配伍，表现出朴素、豪放的风格，极富东方艺术的意味。

### 14. 八仙花 Hydrangea macrophylla

(1) 科属。虎耳草科八仙花属。

(2) 形态特征。小枝粗壮，皮孔明显，如图3.58所示。叶大而稍厚，对生，倒卵形，边缘有粗锯齿，叶面鲜绿色，叶背黄绿色，叶柄粗壮。花大型，由许多不孕花组成顶生伞房花序。花色多变，初时白色，渐转蓝色或粉红色。花期6～7月。

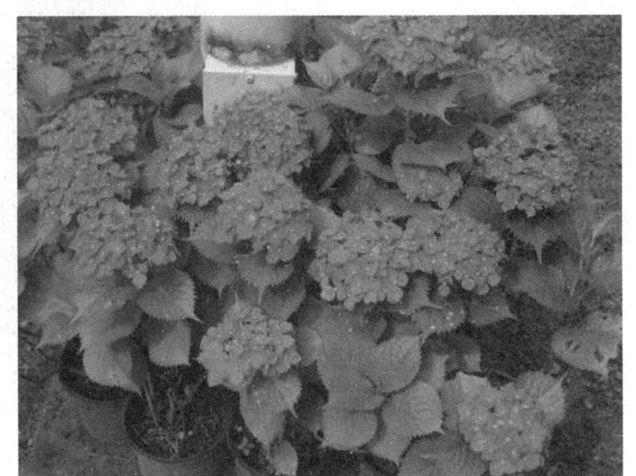

图3.58　八仙花

(3) 生态习性。性喜半阴、湿润和温暖，不甚耐寒。好肥沃而排水良好的疏松土壤。萌蘖性强。

(4) 观赏特性与园林用途。八仙花花大色艳，花期又长，是盆栽的好材料。用它摆放建筑物旁、池畔、林下，花团锦簇，叶绿花红，十分雅致耐观。点缀窗台、阳台和客室，新奇别致，别有一番情趣。

### 15. 花石榴 Punica granatum

(1) 科属。石榴科石榴属。

(2) 形态特征。花红色，花期5～6月，果红色，如图3.59所示。干多分枝，嫩叶成四棱，又有棘枝，材呈黄色。叶平滑，长椭圆形或倒卵形，对生或散生。六月顷，梢头开多数之短梗花，花大，萼赤色成筒状。

图3.59　花石榴

(3) 生态习性。喜阳光充足和干燥环境，耐干旱，不耐水涝，不耐阴，对土壤要求不严，以肥沃、疏松的沙壤土最好。

(4) 观赏特性与园林用途。花石榴既可观花又可观果，小盆盆栽供窗台、阳台和居室摆设，大盆盆栽可布置公共场所和会场，地栽石榴适于风景区的绿化配置。

### 16. 紫叶小檗 Berberis thunbergii cv. Atropur

(1) 科属。小檗科小檗属。

(2) 形态特征。紫叶小檗为落叶多枝灌木，高2～3m，如图3.60所示。叶深紫色或红色，幼枝紫红色，老枝灰褐色或紫褐色，有槽，具刺。叶全缘，菱形或倒卵形，在短枝上簇生。花单生或2～5朵成短总状花序，黄色，下垂，花瓣边缘有红色纹晕。浆果红色，宿存。花期4月份，果熟期9～10月份。常见变种有金叶小檗，如图3.61所示。

图3.60　紫叶小檗

图3.61　金叶小檗

(3) 生态习性。喜凉爽湿润的环境，耐寒也耐旱，不耐水涝，喜阳也能耐阴，萌蘖性强，耐修剪，对各种土壤都能适应，在肥沃深厚排水良好的土壤中生长更佳。

(4) 观赏特性与园林用途。紫叶小檗春开黄花，秋缀红果，是叶、花、果俱美的观赏花木，适宜在园林中作花篱或在园路角隅丛植、大型花坛镶边或剪成球形对称状配植，或点缀在岩石间、池畔，也可制作盆景。

### 17. 结香 Daphne odora

(1) 科属。瑞香科结香属。

(2) 形态特征。高1～2m，小枝棕红色，粗壮柔软，可打结而不断，故名打结花、打结树，如图3.62所示。通常三杈状分枝，被黄色绢状长柔毛。叶互生，常簇生枝顶，长椭圆形，长6～20cm，全缘，秋末落叶后留下突起叶痕。花黄色，浓香，早春先叶开放，有红花变种；40～50朵聚成假头状花序，生于枝顶或近顶部，下垂，总柄粗短。花被圆筒形，先端四齿裂，花瓣状。核果卵形，状如蜂窝。秋末落叶后，枝梢各下垂团花蕾，至翌春先叶开放。

(3) 生态习性。喜半阴，也耐日晒。是暖温带植物，喜温暖，耐寒性略差。根肉质，忌积水，宜排水良好的肥沃土壤。萌蘖力强。

(4) 观赏特性与园林用途。结香树冠球形，枝叶美丽，宜栽在庭园或盆栽观赏。全株可供药用；树皮可取纤维，供造纸；枝条柔软，可供编筐。结香姿态优雅，柔枝可打结，十分惹人喜爱，适植于庭前、路旁、水边、石间、墙隅。北方多盆栽观赏。枝条柔软，弯之可打结而不断，常整成各种形状。

图3.62　结香

### 18. 木槿 Hibiscus syriacus

(1) 科属。锦葵科木槿属。

(2) 形态特征。落叶灌木，高3～4m，小枝密被黄色星状绒毛，如图3.63所示。叶菱形至三角状卵形具深浅不同3裂或不裂，先端钝，基部楔形，边缘具不整齐齿缺，下面沿叶脉微被毛或近无毛；叶柄上面被星状柔毛；托叶线形，疏被柔毛。花单生于枝端叶腋间，花梗被星状短绒毛；小苞片线形，密被星状疏绒毛；花萼钟形，密被星状短绒毛，裂片5，三角形；花钟形，淡紫色，花瓣倒卵形，外面疏被纤毛和星状长柔毛；雄蕊柱长约3cm；花柱枝无毛。蒴果卵圆形，密被黄色星状绒毛；种子肾形，背部被黄白色长柔毛。花期7～10月。

图3.63　木槿

(3) 生态习性。木槿适应性强，南北各地都有栽培。喜阳光也能耐半阴。耐寒，在华北和西北大部分地区都能露地越冬，对土壤要求不严，较耐瘠薄，能在粘重或碱性土壤中生长，唯忌干旱，生长期需适时适量浇水，经常保持土壤湿润。

(4) 观赏特性与园林用途。木槿盛夏季节开花，开花时满树花朵，花色多，公共场所花篱、绿篱及庭院布置。在墙边、水滨种植也很适宜。

### 19. 木芙蓉 Cottonrose Hibiscus

(1) 科属。锦葵科木槿属。

(2) 形态特征。落叶灌木或小乔木，高1m多，如图3.64所示。枝干密生星状毛，叶互生，阔卵圆形或圆卵形，掌状浅裂，先端尖或渐尖，两面有星状绒毛。花朵大，单生于枝端叶腋，有红、粉红、白等色，花期8～10月。蒴果扁球形，10～11月成熟。在较冷地区，秋末枯萎，来年由宿根再发枝芽。丛生，高仅1m许。而冬季气温较高之处，则高可及7～8m，且有径达20cm者。大形叶，广卵形，呈3～5裂，裂片呈三角形，基部心形，叶缘具钝锯齿，两面被毛。花于枝端叶腋间单生，有白色或初为淡红后变深红以及大红重瓣、白重瓣、半白半桃红重瓣和红白间者。

图3.63　木芙蓉

(3) 生态习性。木芙蓉喜温暖湿润和阳光充足的环境，稍耐半阴，有一定的耐寒性。对土壤要求不严，但在肥沃、湿润、排水良好的沙质土壤中生长最好。

(4) 观赏特性与园林用途。木芙蓉晚秋开花，因而有诗说其是“千林扫作一番黄，只有芙蓉独自芳”。木芙蓉花期长，开花旺盛，品种多，其花色、花型随品种不同有丰富变化，是一种很好的观花树种。由于花大而色丽，中国自古以来多在庭园栽植，可孤植、丛植于墙边、路旁、厅前等处。特别宜于配植水滨，开花时波光花影，相映益妍，分外妖娆。《长物志》云：“芙蓉宜植池岸，临水为佳”，因此有“照水芙蓉”之称。此外，植于庭院、坡地、路边、林缘及建筑前，或栽作花篱，都很合适。在寒冷的北方也可盆栽观赏。

### 20. 紫荆 Cercis chinensis

(1) 科属。豆科紫荆属。

(2) 形态特征。豆科紫荆属，如图3.65所示。单叶互生，全缘，叶脉掌状，有叶柄，托叶小，早落。花于老干上簇生或成总状花序，先于叶或和叶同时开放；花萼阔钟状；5齿裂，弯齿顶端钝或圆形；花两侧对称，上面3片花瓣较小；雄蕊10，分离；子房有柄。荚果扁平，狭长椭圆形，沿腹缝线处有狭翅；种子扁，数颗。紫荆为落叶乔木，经栽培后常成灌木状。叶互生，近心形，顶端急尖，基部心形，两面无毛。花先于叶开放，簇生于老枝上；小苞片2，阔卵形；花玫瑰红色，小花梗纲柔。荚果狭披针形，扁平，沿腹缝线有狭翅不开裂；种子扁圆形，近黑色。花期4～5月。

图3.65 紫荆

(3) 生态习性。性喜欢光照，有一定的耐寒性。喜肥沃、排水良好的土壤，不耐淹。萌蘖性强，耐修剪。

(4) 观赏特性与园林用途。适合栽种于庭院、公园、广场、草坪、街头游园、道路绿化带等处，也可盆栽观赏或制作盆景。

### 21. 山麻杆 Alchornea davidii

(1) 科属。大戟科山麻杆属。

(2) 形态特征。落叶丛生小灌木，如图3.66所示。高1～2m，茎干直立而分枝少，茎皮常呈紫红色。幼枝密被绒毛，后脱落，老枝光滑。单叶互生，叶广卵形或圆形，先端短尖，基部圆形，长7～17cm，宽6～19cm，表面绿色，有短毛疏生，背面紫色，叶表疏生短绒毛，叶缘有齿牙状锯齿，主脉由基部三出，叶柄被短毛并有2个以上之腺体。托叶2枚、线形。花小、单性同株；雄花密生成短穗状花序，萼4裂，雄蕊8，花丝分离；雌花疏生，排成总状花序，位于雄花序的下面，无花瓣，萼4裂、紫色，子房3室，花柱3，细长。蒴果扁球形，密生短柔毛；种子球形。花期3～4月，果熟6～7月。

图3.66　山麻杆

(3) 生态习性。为阳性树种，喜光照，稍耐阴，喜温暖湿润的气候环境，对土壤的要求不严，以深厚肥沃的在砂质壤土生长最佳。萌蘖性强，抗旱能力低。

(4) 观赏特性与园林用途。茎干丛生，茎皮紫红，早春嫩叶紫红，后转红褐，是一个良好的观茎、观叶树种，丛植于庭院、路边、山石之旁具有丰富色彩有效果，但因畏寒怕冷，北方地区宜选向阳温暖之地定植。茎皮纤维可供造纸或纺织用，种子榨油供工业用，叶片可入药。

### 22．红瑞木 Cornus alba

(1) 科属。山茱萸科梾木属。

(2) 形态特征。红瑞木是灌木，高达3m，树皮紫红色，幼枝有淡白色短柔毛，后即秃净而被蜡状白粉，老枝红白色，散生灰白色圆形皮孔及略为突起的环形叶痕。冬芽卵状披针形，长3～6mm，被灰白色或淡褐色短柔毛。叶对生，纸质，椭圆形，稀卵圆形，长5～8.5cm，宽1.8～5.5cm，先端突尖，基部楔形或阔楔形，边缘全缘或波状反卷，上面暗绿色，有极少的白色平贴短柔毛，下面粉绿色，被白色贴生短柔毛。花期6～7月，果期8～10月，如图3.67所示。

(3) 生态习性。性极耐寒、耐旱、耐修剪，喜光，喜较深厚湿润但肥沃疏松的土壤。

(4) 观赏特性与园林用途。庭院观赏、丛植。红端木秋叶鲜红，小果洁白，落叶后枝干红艳如珊瑚，是少有的观茎植物，也是良好的切枝材料。园林中多丛植草坪上或与常绿乔木相间种植，得红绿相映之效果。

(a)

(b)

图3.67　红瑞木

## 23. 蜡梅 Chimonanthus praecox

(1) 科属。蜡梅科蜡梅属。

(2) 形态特征。落叶丛生灌木，高达4m，如图3.68所示。小枝近方形，单叶对生，叶卵形至卵状披针形，半革质，全缘，叶表有粗糙硬毛。花先叶开放，有浓香，外轮花被蜡黄色，内轮花被片有紫色条纹；果托坛状，小瘦果种子状，紫褐色。花期12月～次年2月，果期6～7月。

图3. 68　蜡梅

(3) 常见变种。有狗牙蜡梅(狗蝇梅)：花小，香淡，花瓣狭长而尖，中心花瓣呈紫红色。馨口蜡梅：叶较宽大，花较大，花被片近圆形，外轮淡黄色，内轮有浓红紫色边缘和条纹。素心蜡梅：内外轮花被片均为纯黄色，香味浓。

(4) 生态习性。喜光也能耐阴，较耐寒，耐旱。怕风，忌水湿，宜种植在向阳避风处。喜疏松、深厚、排水良好的中性或微酸性沙质土，忌黏土和盐碱土；发枝力强，耐修剪；除徒长枝外，当年生枝大多可以形成花芽，树体寿命长，可达百年。

(5) 观赏特性与园林用途。花瓣黄似蜡，在寒冬银装素裹时节，迎寒怒放，清香四溢，是冬季主要花灌木。一般以自然式的孤植、对植、丛植等方式配植于园林或建筑物入口处两侧、窗前屋后、墙隅、斜坡、草坪等地。可与南天竹、十大功劳配植装点冬景，也可盆栽制作盆景，供室内观赏。

24. 杜鹃 Rhododendron simsii

(1) 科属。杜鹃花科杜鹃花属。

(2) 形态特征：落叶灌木，如图3.69所示，高2m左右，分枝多；枝条细而直，有亮棕色或褐色扁平糙伏毛。叶纸质，卵形、椭圆状卵形或倒卵形，春叶较短，夏叶较长，长5cm，宽2～3cm，顶端锐尖，基部楔形，上面有疏糙伏毛，下面的毛较密；叶柄长3～5mm，密生糙伏毛。花2～6朵簇生枝顶；花萼长4mm，5深裂，有密糙伏毛和睫毛；花冠蔷薇色，鲜红色或深红色，宽漏斗状，长4～5cm，裂片5，上方1～3裂片里面有深红色斑点；雄蕊10，花丝中部以下有微毛；子房有密糙伏毛；10室，花柱无毛。蒴果卵圆形，长达8mm，有密糙毛。

图3.69　杜鹃

(3) 生态习性：喜凉爽、湿润气候、忌酷热干燥，要求富含腐殖质、疏松、湿润、pH值在5.5～6.5之间的酸性土壤。部分种及园艺品种的适应性较强，耐干旱、瘠薄，土壤ph值在7～8之间也能生长。杜鹃花对光有一定要求，但不耐暴晒，夏、秋季应有林木或荫棚遮挡烈日。

(4) 观赏特性与园林用途：杜鹃花花繁叶茂，绮丽多姿，萌发力强，耐修剪，最宜在林缘、溪边、池畔及岩石旁成丛成片栽植。

## 3.3 应用案例

### 3.3.1 案例一——灌木配置(1)（图3.69）

(1) 名称。灌木配置(1)。

(2) 主要要求。

①海桐球作为骨架灌木成丛栽植；其与廊架之间植以棕竹作为小背景，选用文殊兰作为与草坪过渡的植物。

②选用天门冬为棕竹封脚。

③廊架上攀爬紫藤，悬挂花篮作其饰物。

(3)适用情况。住宅入户绿化。

(4) 选样植物及规格。

①H70～80CM棕竹。

②H50～60CM海桐球。

③H35～40CM文殊兰。

④H20CM天门冬。

⑤L150CM紫藤，时令鲜花，马蹄金等。

图3.69　灌木配植(1)

## 3.3.2　案例二——乔灌木配置(1)（图3.70）

(1) 名称。乔灌木配置(1)。

(2) 主要要求。

各种规格不等的蒲葵成片栽植，高低错落有致，紧邻路边用杜鹃封脚，绿岛中植以大花美人蕉起点缀作用。

(3) 适用情况。水边绿岛。

(4) 选样植物及规格。

①H50～500CM多种规格蒲葵。

②H50～60CM美人蕉、龟背竹等。

③H20～30CM杜鹃等。

图3.70　乔灌木配置(1)

## 3.3.3　案例三——乔灌木配置(2)（图3.71）

(1) 名称。乔灌木配置(2)。

(2) 主要要求。

①樱花作为骨架乔木。

②茶花起缩小乔灌差距之作用。

③几种灌木成片栽植，形成一个整体。

④用肾蕨、三角梅作小景处理，增加自然情趣。

(3) 适用情况。住宅入户绿化。

(4) 选样植物及规格。

①H120～150CM天竺桂、山茶。

②H60～80CM海桐球、蒲葵。

③H30～50CM花叶鹅掌柴、红背桂。

④H25～30CM肾蕨等。

图3.71 乔灌木配置(2)

## 3.3.4 案例四——灌木配置(2)（图3.72）

(1) 名称。灌木配置(2)。

(2) 主要要求。阔叶与狭叶植物搭配，规则式与自然式搭配，高低错落有致，灌木色彩丰富，红枫起点缀作用。

(3) 适用情况。绿地前场及灌木过渡地带。

(4) 选样地点。香樟林二期一标。

图3.72 灌木配置(2)

(5) 选样植物及规格。

①H100～120CM八角金盘、四季桂。

②H70～80CM海桐球。

③H30～50CM二栀子、丁香、金叶女贞。

④H25～30CM黄金叶。

⑤H150～180CM红枫等。

## 3.3.5 案例五——灌木配置(3)（图3.73）

(1) 名称。灌木配置(3)。

(2) 主要要求。花叶姜成丛栽植，紧邻灌木植成带状，保持线条的流畅性，花叶姜可部分覆盖红檵木，增加两种植物的亲和性；红檵木边植以银边吊兰，使色彩更加丰富，两者间植以球形植物，使其不致呆板。

图3.73　灌木配置(3)

(3) 适用情况。建筑物到园路的过渡地带。

(4) 选样植物及规格。

①H60～80CM散尾葵、花叶姜。

②H50CM丁香球。

③H25～30CM红花檵木。

④H15～20CM银边吊兰。

## 3.3.6 案例六——灌木配置(4)

(1) 名称。灌木配置(4)。

(2) 主要要求。

①天竺桂作为灌木背景，可遮挡部分视线。

②海桐球、红背桂、黄金叶等成片栽植，形成有机整体。

③植前稍作坡地处理效果更佳。

图3.74　灌木配置(4)

(3) 适用情况。住宅入户绿化。

(4) 选样植物及规格。

①H120～150CM天竺桂。

②H60～80CM海桐球、花叶鹅掌柴。

③H25～35CM黄金叶、红背桂。

## 3.3.7 案例七——灌木配置(5)（图3.75）

(1) 名称。灌木配置(5)。

(2) 主要要求。

①紧邻墙边植以竹群弱化建筑墙面。

②球形植物成片栽植。

③靠近路边植以整形灌木。

(3) 适用情况。绿地前场及灌木过渡地带。

(4) 选样植物及规格。

①H150～200CM琴丝竹、棕竹。

②H60～80CM海桐球、丁香球、十大功劳。

③H40～50CM文殊兰、红花檵木球、栀子。

④H25～30CM黄金叶。

图3.75 灌木配置(5)

## 3.3.8 案例八——灌木配置(6)（图3.76）

(1) 名称。灌木配置(6)。

(2) 主要要求。

①选用香花乔木作骨架树。

②海桐球成团栽植，棕竹作为其背景。

③下植红背桂、天门冬等植物衔接草坪。

(3) 适用情况。住宅入户绿化。

(4) 选样植物及规格。

①H120～150CM天竺桂、棕竹等。

②爬藤植物花架。

③H70～80CM海桐球。

④H25～35CM天门冬、红背桂。

图3.76 灌木配置(6)

## 3.3.9 案例九——灌木配置(7)（图3.77）

(1) 名称。灌木配置(7)。

(2) 主要要求。

①乔木枝繁叶茂。

②自然式与整形相结合。

③竖向植物成簇片植。

(3) 适用情况。绿地前场及灌木过渡地带，私家花园隔离带。

(4) 选样植物及规格。

①矮乔木背景。

②H80～100CM八角金盘。

③H40～50CM文殊兰、满天星球。

④H25～35CM黄金叶、杜鹃等。

图3.77 灌木配置(7)

## 3.3.10 案例十——置石植物配置(图3.78)

(1) 名称。置石植物配置。

(2) 主要要求。

①石边栽植琴丝竹，苏铁等作小景处理。

②植以鲜花使小景色彩更加丰富。

(3) 适用情况。景石植物配景。

(4) 选样植物及规格。

①第一层次为H80～100CM琴丝竹、十大功劳。

②第二层次为H40～60CM苏铁、杜鹃、菊花。

图3.78 置石植物配置

## 3.3.11 案例十一——乔、灌、草搭配(图3.79)

(1) 名称。乔、灌、草搭配。

(2) 主要要求。

①乔木挺拔高大。

②灌木颜色、叶片多变。

(3) 适用情况。节点。

(4) 选样植物及规格。

①H600CM银杏作为骨架树。

②H60CM八角金盘、棕竹、海桐球。

③H40CM文殊兰、H30CM鲜花。

图3.79 乔、灌、草搭配

## 3.3.12 案例十二——乔、灌搭配(图3.80)

(1) 名称。乔、灌搭配。

(2) 主要要求。乔木枝叶繁茂，灌木圆滑饱满。

(3) 适用情况。私家花园前场，保证其私密性。

(4) 选样植物及规格。

①H300CM天竺桂、红叶李。

②H60CM海桐球、棕竹、红花檵木球。

图3.80 乔、灌搭配

## 3.3.13 案例十三——亚乔与灌木配置(图3.81)

(1) 名称。亚乔与灌木配置。

(2) 主要要求。亚乔为彩叶植物；灌木阔叶与狭叶搭配。

(3) 适用情况。道路边小景、路边绿化带。

(4) 选样植物及规格。

①H120CM红枫。

②H70CM八角金盘。

③H50CM毛叶丁香。

图3.81 亚乔与灌木配置

## 3.3.14 案例十四——亚乔、灌、草搭配(图3.82)

(1) 名称。 亚乔、灌、草搭配。

(2) 主要要求。 亚乔为彩叶植物，灌木多用球形，作为分隔两种草坪的界限。

(3) 适用情况。道路边。

(4) 选样植物及规格。

①H80～150CM红枫。

②H60CM南天竹。

③H50CM海桐球。

④H25CM夏鹃。

⑤马蹄金与草坪。

图3.82　亚乔、灌、草搭配

## 3.3.15　案例十五——屋外灌木配置(8)（图3.83）

(1) 名称。屋外灌木配置(8)。

(2) 主要要求。狭叶与阔叶搭配。

(3) 适用情况。道路边。

(4) 选样植物及规格。

①H70CM八角金盘、棕竹。

②H50CM柳叶十大功劳。

③H150CM茶花。

图3.83　屋外灌木配置(8)

## 3.3.16 案例十六——节点处理(图3.84)

(1) 名称：节点处理。

(2) 主要要求。

①乔灌木色彩要求多变，在很小的场地中体现植物间关系的和谐。

②亚乔木作为前场灌木景。

(3) 适用情况。转角处景观过渡处。

(4) 选样植物及规格。

①H150-200CM红枫、天竺桂。

②H80CM榕树盆景。

③H50CM柳叶十大功劳、丁香球、苏铁。

④H20-30CM红花檵木、栀子、西洋鹃等。

图3.84 节点处理

### 本章小结

本章对灌木的定义、常见灌木的运用形式、常见灌木种类及配植形式作了较详细的阐述，具体内容包括：常见园林绿化中常绿灌木、落叶灌木的生态习性、形态特征及园林用途；几种常见园林绿化形式中灌木配植的案例分析等。

本章的教学目标是使学生掌握常见灌木的运用形式；能够识别常见灌木种类；掌握常见的园林灌木植物的习性及其应用范围并对其进行合理的植物配置。

## 习 题

### 1. 填空题

(1) 铁树是______科______属植物。

(2) 南天竹是______科______属植物。

(3) 夹竹桃对______、______等有害气体的抵抗力强。

(4) 红花檵木是______灌木；龟甲冬青是______灌木。

(5) 四季桂叶 生，长椭圆形的叶丛生在枝端，主脉明显且隆起。花小又多，____花序顶生或腋出，花冠四裂，乳白色，小而清香，全年都能开花。

(6) 贴梗海棠______科，______属，______灌木，高达2m，有刺。

2. 选择题

(1) 连翘、迎春、棣棠都开(　　) 花。

A.黄色　　B.红色　　C.白色　　D.粉色

(2) 下列植物属于观果灌木的是(　　)。

A.碧桃　　B.棣棠　　C.金银木　　D.栾树

(3) 珍珠梅、木槿都在(　　) 开花。

A.春季　　B.夏季　　C.秋季　　D.冬季

(4) 牡丹与芍药在习性与栽培上有相似之处，下面(　　) 是其中之　。

A.喜燥怕湿　　B.忌浓肥　　C.春季移栽　　D.秋季分株

(5) 下列哪种植物是在秋天开花(　　)。

A.月季　　B.木芙蓉　　C.樱花　　D.贴梗海棠

3. 简答题

(1) 什么是灌木？灌木的绿化形式有哪些？并举例说明。

(2) 说明杜鹃的形态特征及园林用途。

(3) 比较常见的蔷薇科的绿化灌木有哪些？并请举例说明。

(4) 迎春和云南黄馨有哪些形态特征的区别？

(5) 牡丹和芍药在形态特征上有哪些区别？为什么在绿化中经常把两种植物搭配在一起进行？

(6) 分别举出5种常绿灌木和5种落叶灌木。

(7) 举出6种花灌木的种类。

4. 实训题

为一个住宅楼朝阳的一面进行灌木种类的选择及配植，要求：灌木色彩多变，在场地中体现植物间关系的和谐。

# 第4章 藤本植物

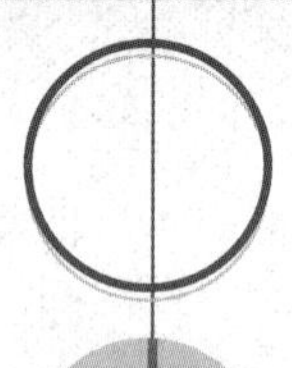

## 教学目标

通过对藤本植物的基本分类、应用原则、应用形式、常见藤本植物等学习，了解藤本植物的定义；掌握各类藤本植物的主要特性及用途；掌握它们的性质与应用。

## 教学要求

| 能力目标 | 知识要点 | 权重 |
| --- | --- | --- |
| 掌握藤本植物的概念、分类 | 藤本植物的特性及不同分类标准等 | 15% |
| 了解藤本植物的原则 | 藤本植物配置基本原则 | 10% |
| 掌握藤本植物的常见形式 | 墙面绿化、棚架绿化、立柱绿化等典型形式 | 25% |
| 了解常见的藤本植物 | 常见藤本植物的名称和特点 | 25% |
| 熟悉藤本植物的选用 | 根据工程的特点不同进行选用 | 25% |

## 章节导读

垂直绿化是提高城市的绿化覆盖率，增加城市绿量，改善城市的环境质量的有效手段。构成垂直绿化主体的藤本植物以其生长迅速、占地面积少、绿化面积大、种植管理容易等优点在城市园林绿化中得到了广泛运用。

近年来，藤本植物以其良好的生态、美学、经济价值成为城市园林绿化的重要组成部分。其主要作用体现在4个方面：①拓展城市绿化空间，增加绿化率和绿量；②丰富园林植物多样性；③构建特色植物景观；④可以是垂直绿化和水平绿化有机结合，如图4.1～图4.4所示。

图4.1　廊架式绿化

图4.2　篱垣式绿化

图4.3　立柱式绿化

图4.4　墙面绿化

### 知识点滴：垂直绿化的发展状况

世界各地的许多城市十分重视立体绿化、垂直绿化和空中绿化，这已成为全世界绿色运动的一部分，日本在这方面已走在世界前列。为了增加绿地，改善生态环境，眼下东京正在开展屋顶绿化运动，随之，日本各大城市也开始了兴建高档天台的空中花园。

1991年东京都政府就颁发了城市绿化法律，法律规定在设计大楼时，必须提出绿化计划书，1992年又制定了“都市建筑物绿化计划指南”，使城市绿化更为具体。东京都市绿化运动是由东京建设、造景等48家公司组成的高档天台开发研究会率先兴起的，它得到了东京都政府的大力支持。在日本东京已出现了不少屋顶小型花园、空中花园等，它们在吸引不少游客的同时，也造福了东京市民。为了使东京成为21世纪的绿色城市，日本在绿色屋顶建筑中，采用了许多新技术，例如采用人工土壤、自动灌水装置，甚至有控制植物高度及根系深度的种植技术。

还有不少的国家规定，城市不准建砖墙、水泥墙，必须营造"生态墙"，具体做法是沿墙等距离植树，中间以攀爬藤类花草，也可辅以铁艺网，这样省工、省时，又实用的形式，既达到了垂直绿化效果，而且可以起到透绿的作用。"花园城市"新加坡，到处是郁郁葱葱的植被，立体绿化让建筑物淹没在一片绿色之中。美国许多城市所有空地几乎都被绿草覆盖，各大超级市场的护栏、建筑物墙上等都植有绿木花草，想方设法来增加绿量；还有芝加哥屋顶花园也十分普及，芝加哥环境部决定设计建造各种屋顶花园，这样可以节省市政府在夏季的开销，每年节省下的4000万美元降温费用于建筑新屋顶，其寿命比传统屋顶长一半。设计多层特制土壤，并用聚苯乙烯材料、蛋壳形锥体和防水薄膜等防止屋顶不能承受土壤、洒水和植物的总重量而发生的渗漏。屋顶花园将种植野洋葱、红花山桃草、天蓝色翠菊和野牛草等各种植物。匈牙利的布达佩斯也是繁花似锦的花园城市，该市居民楼的每户阳台上布满藤蔓植物，每个楼梯上及转弯平台处也摆放盆盆鲜花。

随着植物和花草在空中花园中出现，在阳台或屋顶上种植绿色植物在欧洲也十分普遍，在欧洲有的城市机关、学校、商厦、居民住宅的屋顶花园随处可见。立体绿化不仅可以对人产生良好的心理效果，而且改善环境，净化空气，美化城市，同时对建筑物本身起隔热节能和减低噪音的作用，由此可见，搞好立体绿化是大有裨益的。

## 4.1 概述

### 引例

让我们来看看以下现象：

(1) 某地建设一仿古建筑，墙面及整体风格采用暗红色设计，为突出其古典特色，周围种植爬山虎为墙面绿化植物，但一年后将其更换为其他植物，请分析原因。

(2) 某住宅小区设计一个回形长廊，以紫藤和爬山虎为绿化植物，一年后紫藤在地面呈匍匐状生长，而爬山虎已部分覆盖廊架；后采用绳索及支架，紫藤逐渐覆盖廊架，绿化效果逐步呈现。请分析其原因。

### 4.1.1 定义

藤本植物，又名攀缘植物，是指茎部细长，不能直立，只能依附在其他物体如树、墙等，或匍匐于地面上生长的一类植物。藤本植物一直是造园中常用的植物材料，如今可用于园林绿化的面积越来越小，充分利用攀援植物进行垂直绿化是拓展绿化空间、增加城市绿量、提高整体绿化水平、改善生态环境的重要途径。

藤本植物种类很多，姿态各异。根据生长习性可分为草本类(如观赏南瓜)和木本类(如五味子)；或常绿类(如常春藤)和落叶类(如紫藤、地锦)；根据光照需求不同可分为喜阴湿类(如络石)和喜阳光类(如葡萄)；根据生长情况可分为①缠绕类：通过缠绕在其他支持物上生长的藤本植物，如紫藤、牵牛花、茑萝、金银花、何首乌、五味子等；②吸附类：依靠气生根或吸盘、钩刺的吸附作用而攀援的藤本植物，如爬山虎、地锦、常春藤、扶芳藤、凌霄、绿萝；③卷攀类：利用卷须进行攀援的藤本植物，如葡萄、豌豆、炮仗花；④攀附类：没有特殊的攀缘器官，攀援能力较弱，或仅靠枝刺或皮刺将植物体钩附在其他物体上攀援的藤本植物，如野蔷薇、木香、云实、悬钩子、叶子花、天门冬。

**特别提示**

引例(1)的答案：作为建筑物的附属点缀物，植物应注意与建筑物色彩、风格相协调；同时，植物有其季相变化，该变化也应与建筑物相协调。

### 4.1.2 常见应用形式

藤本植物是一类能形成特殊景观的造景材料。它不仅有提高城市和绿地拥挤空间的绿化面积和绿量，调节与改善生态，保护建筑墙面、固土护坡等功能，而且藤本植物用于垂直绿化极易形成造型独特的立体景观及雕塑景观，可供观赏，还可起到分割空间的作用。其对于丰富与软化建筑物呆板生硬的立面，效果颇佳。

#### 1. 藤本植物的应用原则

(1) 藤本植物种类繁多，在选择应用时应充分利用当地乡土树种，适地适树。

(2) 应满足功能要求、生态要求、景观要求。

(3) 根据不同绿化形式正确选用植物材料，应注意与建筑物色彩、风格相协调。

(4) 为了丰富景观层次，应注意品种间的合理搭配。

(5) 注意意境美的创造。

**特别提示**

引例(2)的答案：藤本植物在应用时根据其自身特性而增加辅助攀爬设施，如铁艺网、绳索、支架等。

#### 2. 藤本植物应用形式

藤本植物攀附在建筑、花架、篱垣、栅栏、山石、陡峭石岩上可营造出优美多姿的绿色雕塑，栽植在平地上或坡地上形成“绿草如茵”的效果。下面详述攀附式种植在园林中的应用。

1) 墙面绿化

通过牵引和固定手段使攀附植物爬上墙面，达到绿化美化的作用。其作用有二：一是把攀缘植物用作欣赏对象，给平淡的墙壁披上绿毯或花毯；二是把攀援植物作为配景以突出建筑物的精细部位，如图4.4所示。

墙面绿化设施一般有3种：墙顶种植槽、墙面花斗和墙基种植槽。

墙面绿化的种植形式通常采用地栽，一般沿墙种植。种植宽度0.5～1m，土层厚层0.5m，种植时植物根部离墙15cm左右。为较快形成绿色屏障，种植株距可小些，但也不能过密一般在0.25～1m。在不能地栽的情况下，可砌种植池高0.6m，宽0.5m。在国外，流行用造型各异的预制堆砌花盆，进行墙面植物造景，这种方式较适宜种非藤本的植物，形成立体的花坛。

墙面绿化应根据墙面的质地、材料、朝向、色彩、墙体高度等来选材。对于质地粗糙、材料强度高的混凝土墙面或砖墙，可选择枝叶粗大、有吸盘、气生根的植物，如爬山虎、常春藤、薜荔等。对于墙面光滑的马赛克贴面，宜选用枝叶细小、吸附力强的络石、绿萝等。对于表层结构光滑、材料强度低且抗水性差的石灰粉刷墙面，可用藤本月季、凌霄等植物，辅以铁钉、绳索、金属网丝等设施，使植物附壁生长，或沿着网丝、条丝的图案生长，景观独特。攀援植物的攀援能力不尽相同，对于高层建筑墙体，宜选爬山虎等攀援能力强的种类，低矮的墙面、围墙可配置络石、凌霄、常春藤等。墙面绿化还要考虑墙体的色彩：砖红色的墙面选择开白花、淡黄色的木香或观叶植物常春藤，比紫红色的牵牛花或月季适宜些；而单一色的灰白色墙体较容易与各色植物协调。

2) 棚架式绿化

棚架式绿化是将攀援植物种植在各种造型的棚架旁，使之攀援，覆盖棚顶，形成观赏遮阴的花架、花廊。这是园林中最常见的攀援式景观应用形式，多应用于公园、居住区、学校、机关办公区、幼儿园、医院等场地，供人观赏、休息与纳凉之用，如图4.1所示。

棚架式绿化应根据棚架构件的体量与材料来选用植物材料。坚固结实的水泥、钢材构件可用大型木质藤本植物，如紫藤、葡萄、常春藤、木香、野蔷薇、常春油麻藤、三叶木通、猕猴桃等。体量小的木材或竹材构件棚架宜选花色艳丽、枝叶细小的藤本植物，如叶子花、蔓长春花、凌霄、炮仗花、线莲、牵牛花、金银花。

3) 立柱式绿化

在园林中，往往利用攀援植物来装饰与绿化灯柱、高架桥下的立柱、建筑廊柱、电线杆等立柱式构筑物，以调和对比强烈的垂直线条与水平线条，减轻柱子的生硬感，美饰柱子基部，营造绿色景观。另外，园林中的高大树干或古树枯树，也可作立柱式绿化，以增强绿量，增强古老沧桑之感，营造枯木逢春、老茎生花的雨林景观，如图4.3所示。

立柱式绿化种植方式同于墙面绿化：在柱子基部设种植池，或在高架桥顶部设花槽。主要用攀援植物，必要时设支架、绳索等支撑物。

立柱式绿化可选材料有常春藤、五叶地锦、常春油麻藤、扶芳藤、南五味子、络石、金银花、紫藤、凌霄等。

4) 墙垣式绿化

墙垣式绿化是指藤本植物爬上围栏、篱笆、矮墙等处形成绿墙、绿栏、绿篱等，起分隔、防护、美化作用。它不仅具有生态效益，而且使篱笆或围栏色彩丰富、自然和谐、生机勃勃，如图4.2所示。

5) 阳台绿化

随着城市住宅迅速增加，充分利用阳台空间进行绿化，极为必要，它能降温增湿、净化空气、美化环境、丰富生活。由于阳台空间有限，攀绕型植物充分发挥了自己的优势，很多都是阳台绿化的好材料。

6) 覆盖地面

利用根系庞大、牢固的藤本植物覆盖地面，可起到保持水土的作用。另外与大、小乔木及灌木协调配植，从而增加林木的层次性。园林中的山石多以藤本植物占缀，使之显得生机盎然，并且还可遮盖山石的局部缺陷。

## 4.2 常见的藤本植物

### 引例

让我们来看看以下现象：

许多墙面绿化采用爬山虎为材料，而廊架等多采用紫藤、凌霄、木香藤等植物，这些植物在应用上的区别是什么造成的?

### 4.2.1 常绿藤本

#### 1. 常春藤 Hedera nepalensis var. sinensis

(1) 科属。五加科常春藤属。

(2) 形态特征。茎枝有气生根，幼枝被鳞片状柔毛，如图4.5所示。叶互生，两裂，长10cm，宽3～8cm，先端渐尖，基部楔形，全缘或3浅裂；花枝上的叶椭圆状卵形或椭圆状披针表，长5～12cm，宽1～8cm，先端长尖，基部楔形，全缘。伞形花序单生或2～7个顶生；花小，黄白色或绿白色，花5数；果圆球形，浆果状，黄色或红色。花期5～8月，果期9～11月。

(3) 主要品种。日本常春藤、彩叶常春藤、金心常春藤、银边常春藤，如图4.6所示。

(4) 生长习性。喜温暖、荫蔽的环境，忌阳光直射，但喜光线充足，较耐寒，抗性强，对土壤和水分的要求不严，以中性和微酸性为最好。

(5) 观赏特性与园林用途。在庭院中可用以攀缘假山、岩石，或在建筑阴面作垂直绿化材料，也可盆栽供室内绿化观赏用。

图4.5　常春藤

图4.6　花叶常春藤

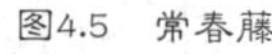

**特别提示**

植物攀爬方式多种多样，一些植物是其卷须上具有吸盘，其他一些植物通过缠绕等方式进行攀爬。

### 2. 炮仗花　Pyrostegia venusta

(1) 科属。紫葳科炮仗花属。

(2) 形态特征。多年生常绿藤本植物，如图4.7所示。有线状、3裂的卷须，可攀援高达7～8m。小叶2～3枚，卵状至卵状矩圆形，长4～10cm，先端渐尖，茎部阔楔形至圆形，叶柄有柔毛。花橙红色，长约6cm。萼钟形，有腺点。花

图4.7　炮仗花

冠厚、反转，有明显的白色绒毛，多朵紧密排列成下垂的圆锥花序。

(3) 生长习性。喜向阳环境和肥沃、湿润、酸性的土壤，生长迅速。在华南地区，能保持枝叶常青，可露地越冬。

(4) 观赏特性与园林用途。炮仗花又名炮仗红、炮仗藤，炮仗花花形如炮仗，花朵鲜艳，下垂成串。多用于阳台、花廊、花架、门亭、低层建筑墙面或屋顶作垂直绿化材料。

### 3. 油麻藤 Mucuna sempervirens

(1) 科属。豆科油麻属。

(2) 形态特征。常绿木质左旋大藤本，如图4.8所示；茎棕色或黄棕色，粗糙；小枝纤细，淡绿色，光滑无毛。复叶互生，小叶3枚；顶端小叶卵形或长方卵形，长7～12cm，宽5～7cm，先端尖尾状，基部阔楔形；两侧小叶长方卵形，先端尖尾状，基部斜楔形或圆形，小叶均全缘，绿色无毛。总状花序，花大，下垂；花冠深紫色或紫红色。荚果扁平，木质，密被金黄色粗毛，长30～60cm，宽2.8～3.5cm。

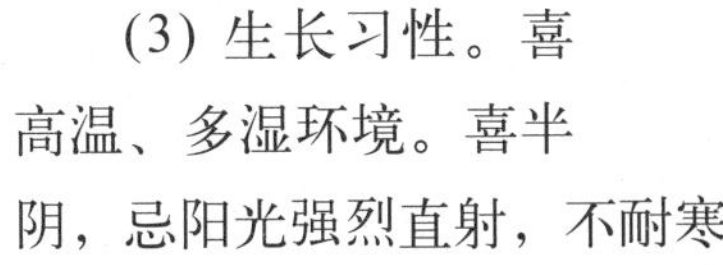

图4.8　油麻藤

(3) 生长习性。喜高温、多湿环境。喜半阴，忌阳光强烈直射，不耐寒。

(4) 观赏特性与园林用途。常春油麻藤高大，叶片常绿，老茎开花，适于攀附建筑物、围墙、陡坡、岩壁等处生长，是棚架和垂直绿化的优良藤本植物，在自然式庭园及森林公园中栽植更为适宜，可用于大型棚架、崖壁、沟谷等处。

### 4. 络石 Trachelospermum jasminoides

(1) 科属。夹竹桃科络石属。

(2) 形态特征。长可达10m，具气生根，如图4.9所示。茎赤褐色，全株有白色乳汁。幼枝有黄色柔毛，老枝红褐色，有皮孔。叶椭圆形或卵状披针形，长2～8cm，宽1～4 cm，全缘，对生，表面无毛，背面有柔毛，6～12对羽状脉。聚伞花序，顶生或腋生，花萼5深裂，花后反卷；花冠白色，芳香，呈高脚碟状，花冠5裂，开展并右旋，形如风车，花冠筒中部膨大，喉部有毛，花期4～6月。荚果双生，种子褐色，并具长毛。

(3) 常见栽培变种。花叶络石，如图4.10所示。老叶近绿色或淡绿色，第一轮新叶粉红色，少数有2～3对粉红叶，第二对至第三对为纯白色叶，在纯白叶与老绿叶间有数对斑状花叶。

(4) 生长习性。喜光，耐阴；喜温暖湿润气候，耐寒、耐热，根系发达，吸收力强，抗干旱，但在湿润环境中生长最快；也抗海潮风，能适应多种气候。

(5) 观赏特性与园林用途。多植于枯树、假山、墙垣之旁，令其攀缘而上，均颇优美自然，还可用于点缀山石、陡壁或专设支架用于特殊环境的绿化；其耐阴性较强，故宜作林下或常绿孤立树下的常绿地被；由于耐修剪，四季常绿，植物配置中可与金叶女贞、红叶小檗、红叶石楠等色叶植物搭配作色带色块等。

图4.9　络石

图4.10　花叶络石

## 4.2.2 半常绿藤本

植物一般分为常绿和落叶两种形态，半常绿是植物界比较少见的一个类型，即温度适合即呈现常绿状态，温度寒冷时，又呈现落叶状态。

### 1. 金银花 Lonicera japonica

(1) 科属。忍冬科忍冬属。

(2) 形态特征。多年生半常绿藤本植物，树皮剥落，幼枝呈红褐色，密被黄褐色、开展的硬直糙毛、腺毛和短柔毛，下部常无毛。叶纸质，卵形或椭圆状卵形，幼时有毛，后无毛。花成对腋生，有总梗，苞片叶状；花冠2唇形，上唇4，芳香，如图

4.11所示。浆果球形，黑色。花期4～6月(秋季也常开花)，果熟期10～11月。

(3) 生长习性。喜阳光和温和、湿润的环境，生活力强，适应性广，耐寒，耐旱。在当年生新枝上孕蕾开花。对土壤要求不严，酸性，盐碱地均能生长。根系发达，生根力强，是一种很好的固土保水植物，山坡、河堤等处都可种植。在荫蔽处，生长不良。

(a)

(b)

图4.11　金银花

(4) 观赏特性与园林用途。是良好的垂直绿化植物，可美化篱垣、花架、花廊等，也可用作地被或用于屋顶绿化。

### 2. 木香 Rosa banksiae

(1) 科属。蔷薇科蔷薇属。

(2) 形态特征。半常绿攀援灌木，如图4.12所示。树皮红褐色，薄条状脱落，小枝绿色，近无皮刺，奇数羽状复叶，小叶3～5枚，椭圆状卵形，缘有细锯齿。伞形花序，花白或黄色，单瓣或重瓣，具浓香，花期5～6月。

(3) 生长习性。喜阳光，较耐寒，畏水湿，忌积水，要求肥沃、排水良好的砂质壤土。萌芽力强，耐修剪。

(4) 观赏特性与园林用途。花晚春至初夏开化，白者宛如香雪，黄者灿若披锦。园林中广泛用于花架、花格墙、篱垣和崖壁作垂直绿化，也可盆栽。

图4.12　木香

### 3. 扶芳藤(爬行卫矛) Euonymus fortunei

(1) 科属。卫矛科卫矛属。

(2) 形态特征。常绿或半常绿藤本，如图4.13所示。枝上通常生长细根并具小瘤状突起。叶对生，广椭圆形或椭圆状卵形以至长椭圆状倒卵形，长2.5～8cm，宽1.5～4cm，边缘具细锯齿，质厚或稍带革质，上面叶脉稍突起，下面叶脉甚明显；叶柄短。聚伞花序腋生；绿白色，近圆形，蒴果球形。种子外被橘红色假种皮。花期6～7月，果期9～10月。

图4.13　扶芳藤

(3) 主要品种。金边扶芳藤、银边扶芳藤、金心扶芳藤等。

(4) 生长习性。喜温暖湿润环境，耐阴，不喜阳光直射，有一定的耐寒性。

(5) 观赏特性与园林用途。常用于掩盖墙面、山石，或攀援在花格之上，形成一个垂直绿色屏障；垂直绿化配置树种时，扶芳藤可与爬山虎隔株栽种。

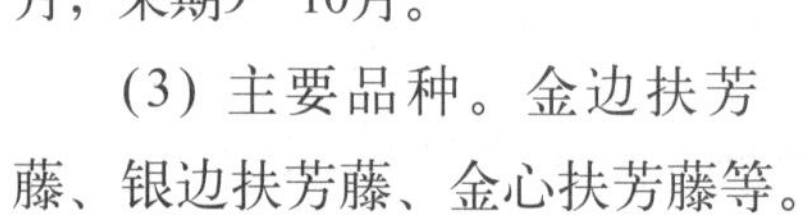

## 4.2.3 落叶藤本

### 1. 葡萄 Parthenocissus quinquefolia

(1) 科属。葡萄科葡萄属。

(2) 形态特征。大藤本，如图4.14所示，高达10～30m；树皮红褐色，老时条状剥落，枝有节，卷须间歇性与叶对生。叶互生，近圆形，3～5掌状裂，基部心形，叶缘有粗齿。圆锥花序大而长，与叶对生，

图4.14　葡萄

花小，黄绿色，两性或杂性异株。果序圆锥状，浆果近球形，黄绿色、紫色或紫红色，被白粉。花期5～6月，果期7～9月。

(3) 生长习性。喜光，喜干燥及温差大的大陆性气候，冬季需要一定低温但严寒需埋土防冻，耐干旱怕涝。

(4) 观赏特性与园林用途。它是良好的观叶植物，又是良好的垂直绿化植物。

### 2. 爬山虎 Parthenocissus tricuspidata

(1) 科属。葡萄科爬山虎属。

(2) 形态特征。多年生大型落叶木质藤本植物，如图4.15所示。长15m，卷须顶端膨大成圆形吸盘。单叶互生，在短枝端两叶呈对生状，广卵形，通常3裂，幼枝上的叶常3全裂或3小叶，基部心形，叶缘有粗齿，表面无毛，背面脉上常有柔毛。聚伞花序常腋生于短枝顶端两叶之间，花两性，成簇不显。浆果球形，熟时蓝紫色，有白粉。花期6月，果期9～10月。

图4.15 爬山虎

(3) 生长习性。性喜阴湿环境，但不怕强光，耐寒，耐旱，耐贫瘠，气候适应性广泛，在暖温带以南冬季也可以保持半常绿或常绿状态。耐修剪，怕积水，对土壤要求不严。它对二氧化硫等有害气体有较强的抗性。

(4) 观赏特性与园林用途。夏季枝叶茂密，常攀缘在墙壁或岩石上，适于墙壁、围墙、庭园入口等处。

### 3. 五叶地锦 Parthenocissus quinquefolia

(1) 科属。葡萄科爬山虎属。

(2) 形态特征。落叶大藤本，如图4.16所示，具分枝卷须，卷须顶端有吸盘。叶变异很大，通常宽卵形，先端多3裂，基部心形，边缘有粗锯齿。聚伞花序，常生于短枝顶端两叶之间。花小，黄绿色。浆果球形，蓝黑色，被白粉。花期6月，果期10月。

(3) 生长习性。喜阳光和温和、湿润的环境，生活力强，适应性广，耐寒，耐旱。在当年生新枝上孕蕾开花。对土壤要求不严，酸性，盐碱地均能生长。

(a)

(b)

图4.16 五叶地锦

(4) 观赏特性与园林用途：观叶，是良好的垂直绿化植物。

### 4. 紫藤 Wisteria sinensis

(1) 科属。豆科紫藤属。

(2) 形态特征。缠绕性大藤本植物， 干皮深灰色，茎左旋，一回奇数羽状复叶互生，小叶对生，有小叶7～13枚，卵状椭圆形，叶表无毛或稍有毛。总状花序，长达30～35 cm，下垂，花紫色或深紫色，如图4.17所示。荚果扁圆条形，长达10～20 cm，密被白色绒毛。花期4～5月，果熟8～9月。

(3) 主要品种。多花紫藤、银藤、红玉藤、白玉藤、南京藤等。

(4) 生长习性。紫藤为暖带及温带植物，对气候和土壤的适应性强，较耐寒，能耐水湿及瘠薄土壤，喜光，较耐阴。以土层深厚，排水良好，向阳避风的地方栽培最适宜。主根深，侧根浅，不耐移栽。生长较快，寿命很长。缠绕能力强，它对其他植物有绞杀作用。

(5) 观赏特性与园林用途。一般应用于园林棚架，春季紫花烂漫，别有情趣，适栽于湖畔、池边、假山、石坊等处，具独特风格，盆景也常用。

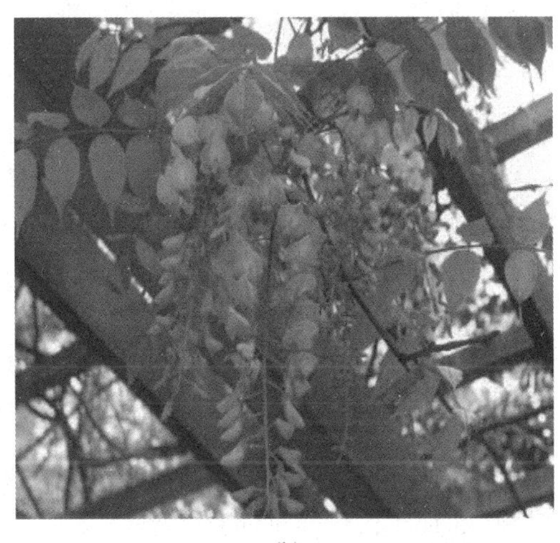

(a) (b)

图4.17 紫藤

5. 凌霄 Campsis grandiflora

(1) 科属。紫葳科凌霄属。

(2) 形态特征。木质藤本，如图4.18所示。羽状复叶对生；小叶7～9枚，卵形至卵状披针形，长3～7 cm，宽15～3 cm，先端长尖，基部不对称，两面无毛，边缘疏生7～8锯齿，两小叶间有淡黄色柔毛。花橙红色，由三出聚伞花序集成稀疏顶生圆锥花丛；花萼钟形，质较薄，绿色，有10条突起纵脉，5裂至中部，萼齿披针形；花冠漏斗状，直径约7cm。蒴果长如豆荚，顶端钝。种子多数。花期6～8月，果期11月。

图4.18 凌霄

(3) 生长习性。性喜阳、温暖湿润的环境，稍耐阴。喜欢排水良好土壤，较耐水湿、并有一定的耐盐碱能力。

(4) 观赏特性与园林用途。凌霄是理想的垂直绿化、美化花木品种，可用于棚架、假山、花廊、墙垣绿化。

特别提示

引例答案：这主要是因为三者的攀爬方式不一样，攀爬方式攀爬方式植物攀爬方式多种多样，一些植物是其卷须上具有吸盘，其他一些植物通过缠绕等方式进行攀爬。

### 6. 猕猴桃(中华猕猴桃) Actinidiade chinensis

(1) 科属。猕猴桃科猕猴桃属。

(2) 形态特征。落叶藤本，如图4.19所示，枝褐色，有柔毛，髓白色，层片状。叶近圆形或宽倒卵形，顶端钝圆或微凹，很少有小突尖，基部圆形至心形，边缘有芒状小齿，表面有疏毛，背面密生灰白色星状绒毛。花开时乳白色，后变黄色，单生或数朵生于叶腋。萼片5，有淡棕色柔毛；花瓣5～6，有短爪；雄蕊多数，花药黄色；花柱丝状，多数。浆果卵形成长圆形，横径约3cm，密被黄棕色有分枝的长柔毛。花期5～6月，果熟期8～10月。

(a)

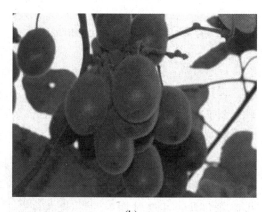

(b)

图4.19 猕猴桃

(3) 生长习性。喜光照充足、雨量适中、湿度稍大地带，疏松、通气良好的沙质壤土或沙土，或富含腐殖质的疏松土类。

(4) 观赏特性与园林用途。猕猴桃以其根深叶茂、茎蔓盘曲回旋之特性，在庭院棚架及栅栏、篱笆、花架、围墙、假山绿化上被视为一种大有发展前景的垂直绿化植物。

### 7. 云实 Caesalpinia decapetala

(1) 科属。豆科云实属。

(2) 形态特征。攀援灌木，如图4.20所示。长3～4m，幼枝密被棕色短柔毛，老即脱落，刺多倒钩状，淡棕红色。二回羽状复叶互生，小叶12～24枚，长椭圆形，表面绿色，背面有白粉。总状花序顶生，黄色，有光泽。荚果长椭圆形，木质。花期5月，果期8～10月。

图4.20 云实

(3) 生长习性。喜温暖向阳，及排水良好、土层深厚的砂质土壤。

(4) 观赏特性与园林用途。藤蟠曲有刺，花黄色有光泽，一般在篱垣或庭院中丛植，形成春花繁盛、夏果低垂的自然野趣。

### 4.2.4 草质藤本

#### 1. 百部 Stemona japonica

(1) 科属。百部科百部属。

(2) 形态特征。多年生缠绕草本，如图4.21所示。茎长达1m。叶2～4(5)片，轮生，叶柄长1.5～3cm；叶片卵形至卵状披针形，长3～9cm，宽1.5～4cm，先端渐尖，基部圆形或宽楔形，边缘微波状，叶脉5～9条。花单生或数朵排成聚伞花序，总花梗完全贴生于叶片中脉上；花被片4，开放后向外反卷；雄蕊花药顶端有一短钻状附属物。蒴果卵状，稍扁。种子深紫褐色。花期4～5月，

图4.21 蔓生百部

果期7月。

(3) 生长习性。喜较温暖、潮湿、阴凉环境，耐寒，忌积水。以土层深厚、疏松肥沃、富含腐殖质、排水良好的砂质壤土栽培为宜。

(4) 观赏特性与园林用途。一般生于阳坡灌木林下、竹林下、溪边、山谷和阴湿岩石上。园林中常植于竹筒、墙垣、栏杆旁或扎成各种形状的支架令攀援观赏，美化庭院。

2. 铁线莲 Clematis florida

(1) 科属。毛茛科铁线莲属。

(2) 形态特征。多年生草本或木质藤本。蔓茎瘦长，达4m，富韧性，全体有稀疏短毛。叶对生，有柄，单叶或1或2回三出复叶，叶柄能卷缘他物；小叶卵形或卵状披针形，全缘，或2～3缺刻。花单生或圆锥花序，钟状、坛状或轮状，由萼片瓣化而成，花梗生于叶腋，长6～12cm，中部生对生的苞叶；梗顶开大型白色花，花径5～8cm；萼4～6片，卵形，锐头，边缘微呈波状，中央有三粗纵脉，外面的中央纵脉带紫色，并有短毛；花瓣缺或由假雄蕊代替。一般常不结果，只有雄蕊不变态的始能结实，瘦果聚集成头状并具有长尾毛。花期5～6月，如图4.22所示。

图4.22　铁线莲

(3) 生长习性。喜肥沃、排水良好的碱性土壤，忌积水或夏季干旱，耐寒性强。

(4) 观赏特性与园林用途。铁线莲枝叶扶疏，有的花大色艳，有的多数小花聚集成大型花序，风趣独特，是攀援绿化中不可缺少的良好材料。可种植于墙边、窗前，或依附于乔、灌木之旁，配置于假山、岩石之间。攀附于花柱、花门、篱笆之上，也可盆栽观赏，少数种类适宜作地被植物。有些铁线莲的花枝、叶枝与果枝，还可作瓶饰、切花等。

## 4.3 应用案例

### 4.3.1 案例一廊架式

如图4.23所示景观廊架是鄞州区前河路河滨绿地内的景观廊架，主要植物材料有油麻藤、紫藤、美国凌霄、爬山虎等，这些区域垂直绿化苗木经过近3个月的生长，现在景观效果已经初步显现。

在廊架式垂直绿化中出现了瓜果蔬菜和其他藤本植物相结合的形式，图4.24所示利用南瓜和藤本月季相结合，别有一番风趣。

图4.23 景观廊架

图4.24 南瓜与月季结合

### 4.3.2 案例二篱垣式

如图4.25所示玉林市御电苑小区篱垣式绿化中采用常春藤、南蛇藤等植物，创造出生机昂然的“绿墙”。在玉林常用作垂直绿化的攀援植物有爬墙虎、凌霄、炮仗花、三角梅、紫藤、木香、金银花、络石、绿萝、白蝴蝶、葡萄、珊瑚藤、扶芳藤等。

图4.25 玉林市御电苑小区篱垣式绿化

## 4.3.3 案例三长廊式

如图4.26所示长廊式绿化是厦门市和通新村，植物材料：三角梅，该绿化依仙岳山而建，小区北面一条数十米长的上坡通道竟是完全用三角梅构成，步入其中，除了脚下的台阶，周边都是红花绿叶，不见天日，感觉十分奇妙。

图4.26 长廊式绿化

## 4.3.4 案例四小区绿化

如图4.27所示小区绿化，植物材料：紫藤+杜鹃+苏铁+南天竹+桂花。该小区利用紫藤和南天竹等围合一小的空间，营造一种安逸的环境，供人休息。

图4.27 小区绿化

## 本章小结

本章对藤本植物较详细的阐述，包括常见藤本植物种类的识别、习性和观赏特性与园林用途，并针对部分应用形式进行实例分析。

本章所阐述的藤本植物具体包括：常春藤、爬山虎、金银花、紫藤、凌霄、木香、扶芳藤、常春油麻藤、蔓生百部、猕猴桃、炮仗花、铁线莲、云实、络石、葡萄、五叶地锦。

本章的教学目标是使学生掌握各种常用藤本植物的种类、习性、观赏特性、用途，并根据不同的需要，因地制宜地选择不同的藤本植物进行植物配置及应用，以达到较好的园林观赏用途。

## 习　题

1．名词解释

藤本植物　　廊架式绿化　　立体绿化

2．判断题

(1) 藤本植物有木质也有草本。（　）
(2) 藤本植物只适合做垂直绿化。（　）
(3) 紫藤和凌霄是以观花为主的藤本植物。（　）
(4) 铁线莲、云实是在夏季开花。（　）
(5) 爬山虎、五叶地锦、猕猴桃都能秋季观叶。（　）
(6) 扶芳藤、常春油麻藤、云实、络石都是落叶藤本。（　）

3．简答题

(1) 常见的藤本植物应用形式有哪些?
(2) 常见的藤本植物中常绿植物和落叶植物有哪些?

4．实训题

调查所在地的城市绿地，收集所使用的藤本植物的类型，并对其景观效果作出评价。

# 第5章　草坪及地被植物

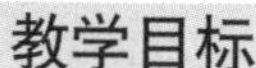

## 教学目标

通过对草坪与地被植物的学习，了解草坪与地被植物的功能；掌握草坪与地被植物在园林中的应用；熟知常见草坪与地被植物，掌握草坪与地被植物的选择标准。

## 教学要求

| 能力目标 | 知识要点 | 权重 |
| --- | --- | --- |
| 理解草坪与地被植物的功能 | 生态功能等 | 20% |
| 掌握草坪常见的人为分类 | 草坪的用途、草坪植物组合 | 30% |
| 掌握草坪与地被植物的选择标准 | 草坪植物、地被植物选择标准 | 30% |
| 熟悉常见常用的草坪与地被植物 | 植物命名、生态习性、应用 | 20% |

## 章节导读

草坪是园林绿化工作的重要组成部分，它对美化和保护环境，防止尘土飞扬和水土流失，调节小气候，减少噪声和维护生态平衡等方面都有重要作用。在国际上，把草坪建设作为衡量现代化城市建设水平的重要标志之一，同时草坪又是营建各类运动场的必备材料。

随着现代化城市的不断发展，国内外对草坪的建设及研究极为重视。如欧美各国和日本的城市绿化水平已达到相当高的程度，草坪的环境价值越来越得到重视，草坪业已成为发达国家的一大产业。草坪的应用形式也出现多样性，如图5.1～5.6所示。

图5.1 缀花草坪

图5.2 位于道路旁的缀花草坪

图5.3 满足游人活动的休闲草坪

图5.4 与水一体的草坪

图5.5 林下观叶地被

图5.6 林下观花地被

### 知识点滴：草坪和地被发展简史

人类最初利用草地美化环境应该是草坪的萌芽。世界的草坪利用和研究也因民族、地域不同而异。总体来说，草坪起源于天然放牧地，最初被用于庭院来美化环境。随着社会的进步，草坪伴随户外运动、娱乐地、休假地设施的发展而兴起，以致今天广泛地渗入人类生活，成为形成现代化社会不可分割的组成部分。

古代文明中的花匠就是欣赏草美的艺术大师。在中东和亚洲，人们把草坪引入花园，供人们观赏。据资料记载，早在公元前613—579年，在波斯(现伊朗)的宫廷庭院中，就出现了缀花草坪。早在13世纪，在欧洲草坪就被用作打滚木球和板球的场地，草坪滚木球场很有可能是现代高质量草坪的先驱。15世纪初，高尔夫球在英国流行。中世纪，欧洲的许多村庄建立起大面积草坪，称为绿地或公共场地，供村民集会和娱乐活动，草坪成了贵族、地主的私产。第二次世界大战后，随着经济的发展，生产效率的提高，人们有了钱，有了时间，使草坪上的户外运动和活动更加频繁，使诸如高尔夫球之类的运动在美国流行和普及。因此，人类对草坪的利用过程，就是草坪历史的发展过程。

我国早在春秋时代，在诗经中就有对草地的描写。汉朝司马相如《上林赋》的描写，“布结缕，攒戾莎”的描写，则表明在汉武帝的林苑中，已开始布置结缕草。到公元5 世纪末年，根据《南史齐东昏侯本纪》的记载：“帝为芳乐苑，划取细草，来植阶庭，列日之中，便至焦燥”，那时已有明确的栽植草坪的记载。13世纪中叶，元朝忽必烈为了不忘蒙古的草地，因而在宫殿内院种植草坪。18世纪，草坪草在园林中的应用已具相当的水平和规模。举世闻名的热河避暑山庄就是一例。避暑山庄当时有500余亩的疏林草地(即万树园)，是由羊胡子草形成的大片绿毯草坪。当时，山庄饲养了大群驯鹿，就以这片草地作为驯鹿的放牧场。平时皇帝在草坪上演骑、试马、观武、放焰火、观灯、野宴。乾隆曾因这片草地的美好而专立石碑加以赞美，其中有：“绿毯试云何处最，最惟避暑此山庄，却非西旅织裘物，本是北人牧马场。”等诗句来赞美它。1840年鸦片战争后，世界列强纷纷涌入我国，同时将欧式草坪导入我国，在上海、广州、青岛、南京、武汉、成都、北京、天津等城市，发展了有限面积的草坪。1949年，新中国成立后，上海诸城市把旧中国的草坪改造为供居民休息、运动和儿童活动的场所，取得了一定的成绩，至1979 年后，我国的草坪事业进入了一个发展的昌盛时期。

## 5.1 概论

### 引例

2011中国(长沙)科技成果转化交易会上，一块数十平方米的绿色草坪，吸引了人们的关注。

原来，这种草坪铺在屋顶上，经过湖南省建设厅相关部门权威检测，在盛夏的长沙，可以为室内降低3℃左右气温，而冬天能升温2℃左右，可谓是不插电的绿色“空调”。

地被植物是指株丛紧密，用以覆盖地面，避免杂草孳生或水土流失的植物。草坪植物按性质也属地被植物，但通常另列一类。草坪植物是用以铺设草坪的植物的总称；因其主要由禾本科和莎草科植物组成，所以草坪植物又称草坪草。草坪是用种草的方式形成的绿色覆盖面。

## 5.1.1 草坪的分类

在园林中，常依不同的标准将草坪分为不同的类型。

### 1. 依据草坪的用途，草坪的类型可分为以下几种。

1) 游憩草坪

供散步、休息、游戏或户外活动用的草坪，称为游憩草坪。这类草坪在绿地中没有固定的形式，面积大小不等，管理粗放，一般允许人们入内游憩活动。可在草坪内配置孤植树，点缀石景或栽植树群。也可在其周围边缘配置花带、树丛。大面积游憩草坪所形成的空间，能够分散人流。游憩草坪一般铺设于大型绿地中，在公园中应用最多，其次在植物园、动物园、名胜古迹园、游乐园、风景疗养度假区，均以毯状翠绿的、安全、舒适、性能优良的高弹性的草坪，建成生机勃勃的绿茵芳草地，供游人游览、休息、文化娱乐；在机关、学校、医院等地内建立，则应选用生长低矮、纤细、叶质高、草姿美的草种。

2) 运动草坪

运动草坪是铺设于运动场地的草坪，如足球场草坪、高尔夫球场草坪、网球场草坪、木球场草坪、武术场草坪、儿童游戏场草坪等。各类运动场地，均需选用适于体育活动的耐践踏、耐修剪、有弹性的草坪植物。

3) 观赏草坪

在园林绿地中专供观赏的草坪称为观赏草坪。这种草地或草坪一般不允许游人入内游憩或践踏，常铺设于广场雕像、喷泉周围和纪念物前等处，作为景前装饰或陪衬景观，周边多采用精美的小栅栏加以保护。多选用低矮、纤细、绿期长的草坪植物材料，栽培管理要求精细，严格控制杂草生长。

4) 交通安全草坪

主要设置在陆路交通沿线，为减少尘沙飞扬，吸附空气中飘浮微粒，保持环境清新的草地，称为交通安全草坪。一般选用繁殖快、抗逆性强、耐干旱瘠薄、耐践踏的草种。

5) 护坡护岸草坪

凡是在坡地、水岸为保持水土流失而铺的草地，称为护坡护岸草地。一般应用适应性强，根系发达，草层紧密，抗性强的草种。

6) 森林草坪

郊区森林公园及风景区在森林环境中任其自然生长的草地称为森林草地，一般不加修剪，允许游人活动。

7) 林下草坪

在疏林下或郁闭度不太大的密林下及树群乔木下的草地称为林下草地。一般不加修剪，选耐阴、低矮的草坪植物。

### 2．依据草坪植物组合的不同分类

1) 单纯草坪

由一种植物材料铺设而成的草坪，称为单一草坪或单纯草坪，例如草地早熟禾草坪、结缕草草坪、狗牙根草坪等。在我国北方多选用野牛草、结缕草等植物来铺设单纯草坪。在我国南方等地则选用中华结缕草、假俭草等。单纯草坪，植株低矮稠密，生长整齐，叶色一致，具有较高观赏价值。养护管理要求比较精细。

2) 混合草坪

由几种禾本科多年生草本植物，或禾本科多年生草本植物与其他草本植物混合播种而形成的草坪，称为混合草坪。可按草坪功能、植物材料抗性不同以及人们的具体要求，合理地按比例混合不同草种以提高草坪观赏效果。例如，我国北方采用草地早熟禾+紫羊茅+多年生黑麦草营建草坪效果颇佳，而我国南方地区则常以狗牙根、地毯草、结缕草为主要草种，并混入部分多年生黑麦草。

3) 缀花草坪

在以禾本科植物为主体的草坪上，配置一些开花的多年生草本植物，称为缀花草坪。例如在草坪上自然疏落地点缀有番红花、水仙、鸢尾、石蒜、丛生福禄考、马蔺、玉簪类、二月兰、红花酢浆草等。这些植物的种植数量一般不超过总面积的1/4～1/3，分布有疏有密，自然错落。主要用于休憩草坪、森林草地、林下草地、观赏草地及护岸护坡草坪等。

### 3．按草种的起源和适宜气候分类

1) 暖季型草坪

也称“夏绿型草坪”，其主要特点是：冬季呈休眠状态，早春开始返青复苏，夏季生长旺盛，进入晚秋，一经霜害，其茎叶枯萎褪绿，地下部分开始休眠越冬。最适生长温度为26～35℃。我国目前栽培的暖季型草种，大部分适合于黄河流域以南的华中、华东、华南、西南广大地区。

2) 冷季型草坪

其主要特点为：耐寒性较强，在部分地区冬季呈常绿状态，夏季不耐炎热，春、秋两季生长茂盛，仲夏后转入休眠或半休眠状态。如早熟禾、高羊茅等。其中也有部分品种，由于适应性较强，亦可在我国中南及西南地区栽培，如剪股颖属、草地早熟禾、黑麦草。

## 5.1.2 草坪与地被植物的选择标准

### 1. 草坪植物的选择标准

在园林绿地中使用草坪植物的应用，既要注意发挥它的各种防护功能，又要考虑与其他因素之间的关系。草坪植物的选择应注意掌握以下基本原则。

1) 充分了解当地的气象条件，分析具体生长环境特点

在选择草坪植物之前，应对当地的各气象要素进行详细的了解和分析。生境中光照强度、温度变化、水分条件以及土壤状况等诸因素是构成草坪植物生存的重要生态因子，直接作用于草坪植物的生长发育，影响着草坪草的健康状况多方面影响着草种的生长发育。如果是建植运动草坪，还要考虑草坪场地的使用频度和强度。

2) 种类确定和种间搭配

用于草坪建植的植物种类很多。依据这些种类的地理分布和对温度条件的适应性，可将其分为冷季型和暖季型两大类。总体上看，暖季型草种生长低矮，根系发达，抗旱、耐热、耐磨损，维护成本低，质地略显粗糙；冷季型草种耐寒力强，绿期长，质地好，坪质优，色泽浓绿、亮丽。

3) 可行性

草种选择时，除了应对不同草种的植物学和生物学特性有所了解外，还应依据具体建植的草坪类型、用途和计划投入的管理维护费用来确定适宜的草种。同一种草种形成的草坪绿地，均匀性好；同一类型的草坪植物种间科学搭配，可丰富群落的遗传多样性，增强对逆境胁迫的耐受力，稳定草坪群落，延长利用期。

### 2. 地被植物选择的标准

地被植物在园林中所具有的功能决定了地被植物的选择标准。除与草坪植物具有相同的要求外，一般说来地被植物的筛选应符合以下标准。

(1) 多年生，植株低矮、高度不超过1m。

(2) 全部生育期在当地能够露地栽培。

(3) 易繁殖，生长迅速，覆盖力强，耐修剪。

(4) 花色丰富，持续时间长或枝叶观赏性好。

(5) 具有一定的稳定性。

(6) 抗逆性强、无毒、无异味。

(7) 便于管理，即不会泛滥成灾。

**特别提示**

不同的植物有着各自独特的生物学特性，应对它们与具体的生境条件进行分析和比较。

## 5.2 常见草坪与地被植物

### 引例

让我们来看看以下现象：

(1) 在某公园绿地中进行高羊茅和早熟禾的混播，播种一年后草坪生长不一致，远看似有杂草丛生，斑块明显的现象如图5.7所示，这是什么原因造成的呢？

图5.7 草坪景观中出现杂草和斑块

(2) 在武汉某街头进行绿化中种植了白三叶和其他草坪植物，经过一年的生长，只剩下了白三叶。请解释造成这种现象的原因是什么？

### 5.2.1 常见暖季型草坪

#### 1. 狗牙根 Cynodon dactylon

(1) 科属。禾本科狗牙根属。

(2) 形态特征。多年生草本，如图5.8所示。具根茎和匍匐茎，节间长短不等，节上生不定根，直立部分高10～30cm。叶舌短，具小纤毛，叶片条形。穗状花序3～6枚呈指状排列于茎顶，小穗排列于穗轴的一侧，含1小花，颖片等长，1脉成脊，短于外稃，外稃具3脉，脊上有毛；内稃约与外稃等长，具2脊。

(3) 生态习性。狗牙根为春性禾草，极耐热和干旱，不抗寒，当土壤温度低于10℃时，开始退色。较耐淹，水淹下生长缓慢，土壤要求不严。

(4) 观赏特性与园林用途。铺建草坪，或与其他暖地型草种进行混合铺设各类草坪运动场、足球场。可应用于公路、铁路、水库等处作固土护坡绿化材料种植。

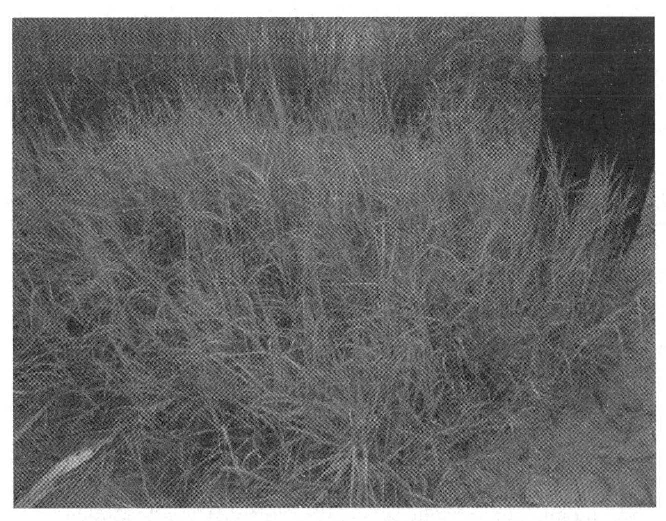

图5.8 狗牙根

2. 结缕草 Zoysia japonica

(1) 科属。禾本科结缕草属。

(2) 形态特征。多年生草本植物，如图5.9所示，株体低矮，茎叶密集，自然株高15～20cm；具细长而坚硬的根状茎和发达的匍匐茎；具直立茎，秆淡黄色。叶片扁平革质，被疏毛，较粗糙。总状花序，花期5～6月，果穗棕褐色，有时略带淡红色，穗长4～6cm。

(3) 生态习性。结缕草喜温暖湿润的气候，当气温降到10～12.8℃之间开始退色，整个冬季保持休眠。喜阳光不耐阴，抗逆性和适应性强，抗旱、抗寒、耐热能力强，抗干旱能力特别强，最适宜在深厚肥沃排水良好的土壤、沙质土壤或弱酸至中性砂壤土中生长，在微碱性土壤中亦能良好生长。对肥料较敏感，施过磷酸钙和硝酸钾，能减少草坪草枯萎，延长草坪绿期。

图5.9 结缕草

(4) 观赏特性与园林用途。抗干旱能力特别强，能够在斜坡上顽强地生长，是很好的水土保持和固土护坡植物；结缕草具有很强的韧度和弹性，耐磨、耐践踏、耐瘠薄、耐修剪，广泛应用建植足球场和各种运动场草坪，以及中小学生和儿童活动场地等。结缕草与假俭草、杂交狗牙根进行混播，可形成非常耐践踏、抗病害和耐粗放管理的运动场草坪。

### 3. 细叶结缕草 Zoysia tenuifolia

(1) 科属。禾本科结缕草属

(2) 形态特征。多年生草本植物，如图5.10所示。具细而密的根状茎和节间极短的匍匐枝。秆纤细，叶片丝状内卷，极度细，翠绿色。总状花序，小穗穗状排列，狭窄披针形。每小穗含1朵小花，花小，绿色或淡紫色。颖果卵形，细小。

图5.10 细叶结缕草

(3) 生态习性。为强阳性草种，喜温暖气候和湿润的土壤环境，具有较强的抗旱性，耐寒性和耐阴性较差，不及结缕草。在冬季低温区呈枯黄现象。对土壤要求不严，以肥沃、pH值6～7.8的土壤最为适宜。抗锈病力弱，须加强维护。

(4) 观赏特性与园林用途。常栽种于花坛内作封闭式花坛草坪或作草坪造型供人观赏。也可用作运动场、飞机场及各种娱乐场所的美化植物。

### 4. 沟叶结缕草(马尼拉草) Zoysia matrella

(1) 科属。禾本科结缕草属

(2) 形态特征。多年生草本植物，如图5.11所示。具横走根茎和匍匐茎，直立茎，秆细弱，高12～20cm。叶片在结缕草属中属半细叶类型，叶的宽度介于结缕草与细叶结缕草之间，叶质硬，扁平或内卷，上面具纵沟，长3～4cm，宽1.5～2.5mm。总状花序，短小。颖果卵形。

图5.11 马尼拉草

(3) 生态习性。喜温暖、湿润

环境。生长势与扩展性强，草层茂密，分蘖力强，覆盖度大。较细叶结缕草略耐寒，病虫害少，略耐践踏。抗干旱、耐瘠薄。适宜在深厚肥沃、排水良好的土壤中生长。

(4) 观赏特性与园林用途。过渡型草坪首选。可以用来建设足球场、高尔夫球场、网球场等。

### 5. 假俭草 Eremochloa ophiuroides

(1) 科属。禾本科蜈蚣草属。

(2) 形态特征。多年生草本，叶片线形，稍革质，如图5.12所示。以5～9月份生长最为茂盛，匍匐茎发达，再生力强，蔓延迅速。根系深较耐旱，茎叶冬日常常宿存地面而不脱落，茎叶平铺地面平整美观，柔软而有弹性，耐践踏。花序总状，基部直立，近顶端稍弯，绿色微带紫色，经霜后转变为棕红色。秋冬抽穗，开花，种子入冬前成熟。

图5.12　假俭草

(3) 生态习性。喜光，耐阴，耐干旱，较耐践踏。在排水良好、土层深厚、肥沃、湿润地生长良好。根深，耐旱，耐修剪。种子能自播繁衍。一般在早春3月下旬返青，12月上旬枯黄，全年绿色期为250～280天。耐修剪，抗二氧化硫等有害气体，吸尘，滞尘性能好。

(4) 观赏特性与园林用途。运动场草坪、固土护坡。广泛用于园林绿地，或与其他草坪植物混合铺设运动草坪，也可用于护岸固堤。可作庭园、工厂、医院、学校、居住区开放性草坪或护坡植物。它抗性强，能吸收工业排放出的二氧化硫，并有良好的滞尘作用，又宜作工业区域的环境保护植物。

### 6. 地毯草 Axonopus compress

(1) 科属。禾本科地毯草属。

(2) 形态特征。多年生禾草，如图5.13所示。具长匍匐茎。秆压扁，高8～60cm，压扁，节常披灰白色柔毛；叶宽条形，质柔薄，先端钝，秆生，匍匐茎上的叶较短；

叶鞘松弛，压扁，背部具脊，无毛；叶舌短，膜质，无毛。总状花序通常3个，最上2个成对而生；小穗长圆状披针形，疏生丝状柔毛，含2小花，第一颖缺，第二颖略短于小花的外稃，结实小花的外稃硬化成革质，椭圆形至长圆形，顶端疏生少数柔毛。

图5.13　地毯草

(3) 生态习性。不耐霜冻；不耐干旱，适于在潮湿的砂土上生长，旱季休眠；不耐水淹。耐阴蔽，幼苗长势好，侵占性强。

(4) 观赏特性与园林用途。优良的固土护坡植物材料，广泛应用于绿地中，常用它铺设草坪及与其他草种混合铺建活动场地。作为休息活动的草坪。

### 7. 野牛草 Buchloe dactyloides

(1) 科属。禾本科野牛草属。

(2) 形态特征。野牛草为多年生草本植物，具匍匐茎， 如图5.14所示。植株纤细，高5～25cm。叶灰绿色，卷曲。叶片线形，粗糙，长3～10(20)cm，宽1～2mm，

图5.14　野牛草

两面疏生白柔毛。叶鞘疏生柔毛；叶舌短小，具细柔毛；具匍匐茎。雌雄同株或异株，雄花序有1～3枚总状排列的穗状花序，草黄色；雌花序4～5枚簇生成头状花序。野牛草的雄株进入花期后，由于花轴高于株丛，有明显的黄色，雌株无此现象。

(3) 生态习性。野牛草适应性强，喜光，耐半阴，耐土壤瘠薄，具较强的耐寒能力；极抗旱，不耐湿。能在含盐量为0.8%～1.0%，pH为8.2～8.4的盐碱土上良好生长。

(4) 观赏特性与园林用途。在园林中的湖边、池旁、堤岸上，栽种野牛草作为覆盖地面材料，既能保持水土，防止冲刷，又能增添绿色景观。应用于低养护的地方，如高速公路旁、机场跑道、高尔夫球场等次级高草区。

### 8. 巴哈雀稗 Paspalum notatum

(1) 科属。禾本科雀稗属。

(2) 形态特征。多年生禾草，如图5.15所示。有粗壮多节的匍匐茎。叶片扁平。茎秆直立密丛型；叶片扁平、宽大或内卷，边缘有明显的茸毛；叶鞘基部增大，背部压扁成脊；叶舌膜质、极短，基部有一圈短柔毛；花序通常弯曲而下垂；小穗圆形或卵圆形，光滑具光泽。

图5.15 巴哈雀稗

(3) 生态习性。密度疏，耐旱性、耐暑性极强，较耐寒，耐阴性强，耐踏性强。对土壤要求不严，在肥力较低、较干旱的砂质土壤上生长能力仍很强。

(4) 观赏特性与园林用途。多用于斜坡水土保持、道路护坡及果园覆盖。可用于运动场、绿地，可与其他草种混合种植。百喜草常用于路边、堤岸、飞机场草坪的建植，或用于建植低养护水平的一般性绿地和水土保持。

## 5.2.2 常见冷季型草坪

### 1. 一年生早熟禾 Poa annua

(1) 科属。禾本科早熟禾属。

(2) 形态特征。一年生或二年生草本，如图5.16所示。须根纤细。秆细弱丛生，直立或基部稍倾斜，平滑无毛，高5～30cm。叶片狭条形，扁平、柔弱、细长。叶舌膜质、顶端钝圆。叶鞘中部以下闭合，短于节间，平滑无毛。圆锥花序卵形或金字塔形，开展，长3～7cm，每节具1～2个分枝。小穗绿色，含小花3～5朵，花期4～5月。颖果纺锤形，黄褐色，花果期7～9月。

(3) 生态习性。早熟禾喜光，耐阴性也强，可耐50%～70%郁闭度，耐旱性较强，抗低温，在-20℃低温下能顺利越冬，-9℃下仍保持绿色，抗热性较差，在气温达到25℃左右时，逐渐枯萎，对土壤要求不严，耐瘠薄，但不耐水湿。在pH值为5.5～6.5的土壤上生长最好。

(4) 观赏特性与园林用途。可供高尔夫球球场穴区、球道及庭院草坪使用。

(a)

(b)

图5.16　早熟禾

## 2. 高羊茅 Festuca elata

(1) 科属。禾本科羊茅属。

(2) 形态特征。秆成疏丛，如图5.17所示。直立，粗糙，幼叶折叠；叶舌呈膜状，长0.4～1.2cm，平截形；叶耳短而钝，有短柔毛；茎基部宽，分裂的边缘有茸毛；叶片条形，扁平，挺直，近轴面有背且光滑，具龙骨，稍粗糙，边缘有鳞，长15～25cm，宽4～7mm。收缩的圆锥花序。

(3) 生态习性。喜冷、抗旱喜光耐半阴。

(4) 观赏特性与园林用途。运动和防护草坪。

图5.17　高羊茅

**特别提示**

引例（1）的解答：高羊茅株高较其他植物高，在混播过程中高羊茅比例少时，表现出植株高大、丛生、草坪均一性和质地下降，形似“杂草”。

3. 紫羊茅 Festuca rubra

(1) 科属。禾本科狐茅属。

(2) 形态特征。多年生禾草，如图5.18所示。具匍匐茎。秆疏丛生，基部常倾斜或膝曲，兼具鞘内和鞘外分枝。秆细，高45～70cm，具二至三节，顶节位于秆下部三分之一处。叶片对折或内卷，下面平滑无毛，上面被茸毛，茎秆基部的叶鞘比节间长，而上部的则短于节间。叶鞘红棕色，破碎呈纤维状。圆锥花序狭窄。小穗淡绿或先端紫色，含3～6个小花。颖狭披针形。护颖大小不等，外颖棕带红色，顶端有芒，长短不一，均不到外颖的一半；颖果长菱形，不易脱落，遇雨潮湿常在果柄上发芽。花期约6～7月。种子很小；千粒重0.70g左右。

(a)

(b)

图5.18 紫羊茅

(3) 生态习性。耐寒、抗旱；高地、低湿地和树荫下均能生长。

(4) 观赏特性与园林用途。广泛用于机场、庭院、花坛、林下等作观赏用，亦可用于固土护坡、保持水土或与其他草坪种混播建植运动场草坪。

4. 羊胡子草 Eriophorum vaginatum

(1) 科属。莎草科羊胡子草属。

(2) 形态特征。为多年生草本植物，如图5.19所示。根状茎短，形成踏头。紧密丛生，高约15～40cm。叶鲜绿，基生叶三棱形，狭窄，质硬，边缘粗糙，无杆生叶；基部老叶鞘褐色，稍成纤维状；苞片鳞片状，卵形，灰黑色，顶端渐尖；花序单

(a)

一，生于秆之顶端，小坚果倒卵形，扁三棱状，先端平滑。其种子成熟后分裂出状如棉絮的白色细丝，可以随风飞散，以利于传播种子。

(3) 生态习性。稍耐阴，耐寒，耐干旱瘠薄，耐踏性差。

(b)

图5.19 羊胡子草

(4) 观赏特性与园林用途。观赏或人流少的庭园草坪。

### 5. 匍匐剪股颖 Agrostis stolonifera

(1) 科属。禾本科 翦股颖属。

(2) 形态特征。多年生草本植物。如图5.20所示。具有长的匍匐枝，节着土生有不定根，节上生根。叶片线形，长5～9cm，宽3～4mm。两面均具小刺毛。圆锥花序，卵状矩圆形，长11～20cm，分枝一般两枚，近水平展开，下部裸露；小穗长2mm，含1小花，成熟后呈紫铜色。颖果卵形，细小。

图5.20 匍匐剪股颖

(3) 生态习性：喜光，但也耐半阴，潮湿地区或疏林下草坪。喜冷凉湿润气候，耐阴性强于草地早熟禾，不如紫羊茅。耐寒、耐热、耐瘠薄、较耐践踏、耐低修剪、剪后再生力强。对土壤要求不严，在微酸至微碱性土壤上均能生长，最适pH值在5.6～7.0之间。绿期长，生长迅速，适于寒带、温带及亚热带的广大地区种植。

(4) 观赏特性与园林用途：适时修剪，可形成细致、植株密度高、结构良好的毯状草坪，尤其是在冬季。需要高水平的养护管理。缺点是春季返青慢，秋季天气变冷时，叶片比草地早熟禾更易变黄。匍匐翦股颖是冷季型地带高尔夫球场果岭区草坪建植中用途最广的草坪草，被广泛应用于高尔夫球场果岭球道、足球场、保龄球场等运动场的绿化。

### 6. 黑麦草 Lolium perenne

(1) 科属。禾本科黑麦草属。

(2) 形态特征。多年生，具细弱根状茎，如图5.21所示。秆丛生，高30～90cm，具3～4节，质软，基部节上生根。叶舌长约2毫米；叶片线形，长5～20cm，宽3～6mm，柔软，具微毛，有时具叶耳。穗形穗状花序直立或稍弯，长10～20cm，宽5～8mm；小穗轴节间长约1mm，平滑无毛；颖披针形，为其小穗长的1/3，具5脉，边缘狭膜质；外稃长圆形，草质，长5～9mm，具5脉，平滑，基盘明显，顶端无芒，或上部小穗具短芒，第一外稃长约7毫米；内稃与外稃等长，两脊生短纤毛。颖果长约为宽的3倍。花果期5～7月。

(3) 生态习性。喜温暖湿润气候。不耐高温，不耐严寒。遇35℃以上的高温生长受阻，甚至枯死，遇-15℃以下低温越冬不稳，或不能越冬。夏季凉爽、冬无严寒。性喜肥，适宜在肥沃，湿润，排水良好的壤土或黏土上种植，亦可在微酸性土壤上生长，适宜的pH为6～7。但不宜在砂土或湿地上种植。

(4) 观赏特性与园林用途。生长迅速成坪速度快，常作为庭院和风景区绿化的先锋草种，也可以在狗牙根等暖季型草坪上，常作为补播材料，从而使草坪冬季保持绿色。

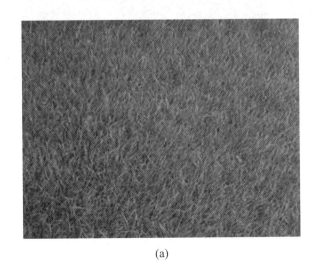

(a)

(b)

图5.21　黑麦草

## 5.2.3 其他草坪地被植物

### 1. 白三叶 Trifolium repens

(1) 科属。豆科三叶草属。

(2) 形态特征。多年生草本，如图5.22所示。着地生根。茎细长而软，匍匐地面。掌状三出复叶，叶柄细长，自根茎或匍匐茎茎节部位长出，小叶倒卵形或近倒心形，中部有倒“V”形淡色斑，三枚小叶的倒“V”形淡色斑连接，几乎形成一个等边三角形，叶缘有细锯齿。头状花序，白或淡紫红色，花期5月。荚果倒卵状矩形，果期8～9月。种子近圆形，黄褐色。新品种有紫三叶，如图5.23所示，叶色紫色。

(3) 生态习性。喜欢温凉、湿润的气候，最适生长温度为16～25℃，不耐阴，喜温暖、向阳的环境和排水良好的粉砂壤土或黏壤土。耐寒，耐热，耐霜，耐旱，耐践踏。对土壤要求不高，耐贫瘠、耐酸，最适排水良好、富含钙质及腐殖质的黏质土壤，不耐盐碱、不耐旱。

(4) 观赏特性与园林用途。很好的水土保持植物，在坡地、堤坝、公路种植，防止水土流失，减少尘埃均有良好作用。

图5.22 白三叶

图5.23 紫三叶

**特别提示**

引例（2）的解答：白三叶的入侵能力很强，经过一年的生长，侵占了其他草坪植物的生长地，所以只剩下白三叶。

**知识链接：生态入侵**

物种从自然分布地区(可以是其他国家和中国的其他地区)通过有意或无意的人类活动而被引入，在当地的自然或人造生态系统中形成了自我再生能力，给当地的生态系统或景观造成了明显的损害或影响。

常见的生态入侵植物有：薇甘菊、空心莲子草、加拿大一枝黄花、飞机草、凤眼莲(水葫芦)、紫茎、三叶草、假高粱。

## 2. 红花酢浆草 Oxalis corymbosa

(1) 科属。酢浆草科酢浆草属。

(2) 形态特征。多年生草本，如图5.22所示。株高10～20cm，地下具球形根状茎，白色透明。基生叶，叶柄较长，三小叶复叶，小叶倒心形，三角状排列，叶色有绿色和紫色，如图5.24，图5.25所示。花从叶丛中抽生，伞形花序顶生，总花梗稍高出叶丛，花期4～10月，蒴果。

(3) 生态习性。喜向阳、温暖、湿润的环境，夏季炎热地区宜遮半阴，抗旱能力较强，不耐寒，长江以南可露地越立，喜阴湿环境，对土壤适应性较强。

(4) 观赏特性与园林用途。园林中广泛种植，既可以布置于花坛、花境，又适于大片栽植作为地被植物和隙地丛植，还是盆栽的良好材料，为入侵性植物，慎用。

图5.24 红花酢浆草

图5.25 紫叶酢浆草

## 3. 二月兰 Orychophragmus violaceus

(1) 科属。十字花科诸葛菜属。

(2) 形态特征。两年生草本，如图5.26所示。茎直立，光滑，单茎或多分枝，株高20～70cm，一般30～50cm，具白色粉霜。基生叶扇形，近圆形，边缘有不整齐的粗锯齿；茎生叶抱茎，茎丫部叶羽状分裂，顶生叶肾形或三角状卵形。总状花序顶生，花冠深紫或浅紫色，花瓣4枚，倒卵形，成十字排列，具长爪。

图5.26 二月兰

(3) 生态习性。耐寒性、耐阴性较强，有一定散射光即能正常生长、开花、结实，冬季保持常绿；在阳地、半阴地生长更好。对土壤要求不严。

(4) 观赏特性与园林用途。冬季绿叶葱葱，早春花开成片。为良好的园林阴处或林下地被植物，也可用作花径栽培。

### 4. 葱兰 Zephyranthes candida

(1) 科属。石蒜科葱兰属。

(2) 形态特征。多年生常绿草本植物，如图5.27所示。有皮鳞茎卵形，略似晚香玉或独头蒜的鳞茎，直径较小，有明显的长颈。叶基生，肉质线形，暗绿色。株高30～40cm。花葶较短，中空。花单生，花被6片，白色，长椭圆形至披针形；花冠直径4～5cm。

(3) 生态习性。喜阳光充足，耐半阴和低湿，喜肥沃、带有黏性而排水好的土壤。较耐寒，0℃以下亦可存活较长时间。在-10℃左右的条件下，短时不会受冻，但时间较长则可能冻死。

(4) 观赏特性与园林用途。多用于地被植物，或用于花坛、花边、林下，也有作盆栽栽培，管理粗放。

图5.27 葱兰

### 5. 麦冬 Ophiopogon japonicus

(1) 科属。百合科麦冬属。

(2) 形态特征。多年生常绿草本，如图5.28所示。根状茎短粗。须根发达，常在须根中部膨大呈纺锤形肉质块根，地下具匍匐茎。叶丛生，窄条带状，具5条叶脉，稍革质，基部有膜质鞘。花序自叶丛中央抽出，总状花序，具花5～9轮，每轮2～4朵，小花梗短而直立。花被6片，淡紫色至白色，花期8～9月。种子肉质，黑色球形。

(3) 生态习性。喜阴湿的环境，忌阳光直射，耐寒力较强，在长江流域可露地越冬，北方需入低温温室，对土壤要求不严，但在肥沃湿润的土壤中生长良好。

(4) 观赏特性与园林用途。可用于盆栽，良好的地被植物和花坛的边饰材料，多用于疏荫地，组成花群的最外沿。

(a)

(b)

图5.28 麦冬

### 6．沿阶草 Ophiopogon bodinieri

(1) 科属。百合科，沿阶草属。

(2) 形态特征。多年生常绿草本，如图5.29所示。须根较粗，须根顶端或中部膨大成纺锤形肉质小块根，地下走茎细长。叶丛生，线形，先端渐尖，叶缘粗糙，墨绿色，革质。花葶从叶丛中抽出，有棱，顶生总状花序较短，着花约10朵左右，白色至淡紫色，花期8～9月。种子肉质，半球形黑色。

(3) 生态习性。耐寒力较强，喜阴湿环境，既能在强阳光照射下生长，又能忍受荫蔽环境，属耐阴植物。在阳光下和干燥的环境中叶尖焦黄，对土壤要求不严，但在肥沃湿润的土壤中生长良好。现在新品种有，银纹沿阶草，如图5.30所示，叶面有银白色纵纹。

(4) 观赏特性与园林用途。在南方多栽于建筑物台阶的两侧，北方常栽于通道两侧。

图5.29　沿阶草

图5.30　银纹沿阶草

### 7. 鸢尾 Iris tectorum

(1) 科属。鸢尾科鸢尾属。

(2) 形态特征。多年生宿根性直立草本，如图5.31所示。高约30～50cm。根状茎匍匐多节，粗而节间短，浅黄色。叶为渐尖状剑形，质薄，淡绿色，呈二纵列交互排列，基部互相包叠。春至初夏开花，总状花序1～2枝，每枝有花2～3朵；花蝶形，花冠蓝紫色或紫白色，圆形下垂；内3枚较小，倒圆形；外列花被有深紫斑点，中央面有一行鸡冠状白色带紫纹突起，雄蕊3枚，与外轮花被对生；花柱3歧，扁平如花瓣状，覆盖着雄蕊。花出叶丛，有蓝、紫、黄、白、淡红等色，花型大而美丽；花期4～6月。果期6～8月，蒴果长椭圆形，有6棱。

图5. 31　鸢尾

(3) 生态习性。耐寒性较强，不耐水淹，耐干旱。喜排水良好，适度湿润，富含腐殖质、略带碱性的土壤；喜阳光充足，气候凉爽，也耐半阴环境。

(4) 观赏特性与园林用途。花坛、花境、地被中常用材料。

## 8. 菲白竹 Sasa fortunei

(1) 科属。禾本科赤竹属。

图5.32 菲白竹

(2) 形态特征。低矮竹类，如图5.32所示。秆每节具2至数分枝或下部为1分枝。叶片狭披针形，绿色底上有黄白色纵条纹，边缘有纤毛，两面近无毛，有明显的小横脉，叶柄极短；叶鞘淡绿色，一侧边缘有明显纤毛，鞘口有数条白缘毛。笋期4～5月。

(3) 生态习性。喜温暖湿润气候，好肥，较耐寒，忌烈日，宜半阴，喜肥沃疏松排水良好的砂质土壤。

(4) 观赏特性与园林用途。作地被、绿篱或与假石相配；可植于庭园观赏；也可作盆栽或盆景。

## 9. 马蹄金 Dichondra repens

(1) 科属。旋花科马蹄金属。

(2) 形态特征。马蹄金茎纤细，节间短，节上生根。株高5～15cm，如图5.33所示。叶基生，绿色，马蹄状圆肾形，先端宽圆形或微缺，基部阔心形，叶面微被毛，背面被贴生短柔毛，全缘；具长的叶柄。花单生叶腋，花柄短于叶柄，丝状；萼片倒卵状长圆形至匙形，钝，背面及边缘被毛；花冠钟状，较短至稍长于萼，黄色，裂片长圆状披针形，无毛；花期5～8月。蒴果近球形小，果期9月。

图5.33 马蹄金

(3) 生态习性。马蹄金主要适应温暖潮湿的环境。不耐寒，但耐阴，喜细质、偏酸、潮湿、肥力低的砂质土壤。匍匐茎可形成细密草坪，生长迅速，耐践踏。

(4) 观赏特性与园林用途。马蹄金植株低矮，根、茎发达，四季常青，抗性强，覆盖率高，堪称“绿色地毯”，适用于公园、机关、庭院绿地等栽培观赏，也可用于沟坡、堤坡、路边等固土材料。

### 10. 萱草 Hemerocallis fulva

(1) 科属。旋花科马蹄金属。

(2) 形态特征。草本，具短的根状茎和肉质、肥大的纺锤状块根。如图5.34所示。叶基生，排成两列，条形，长40～80cm，宽1.5～3.5cm，下面呈龙骨状突起。花葶粗壮，高60～100cm，蝎壳状聚伞花序复组成圆锥状，具花6～12朵或更多；苞片卵状披针形；花橘红色，无香味，具短花梗；花被长7～12cm，下部2～3cm合生成花被筒；外轮花被裂片3，矩圆状披针形，宽1.2～1.8cm，具平行脉，内轮裂片3，矩圆形，宽达2.5cm，具分枝的脉，中部具褐红色的色带，边缘波状皱褶；盛开时裂片反曲，雄蕊伸出，上弯，比花被裂片短；花柱伸出，上弯，比雄蕊长。蒴果矩圆形。

图5.34 萱草

(3) 生态习性。耐寒，华北可露地越冬。适应性强，喜湿润也耐旱，喜阳光又耐半阴。对土壤选择性不强，但以富含腐殖质，排水良好的湿润土壤为宜。

(4) 观赏特性与园林用途。观花地被。

### 11. 玉簪 Hosta plantaginea

(1) 科属。百合科玉簪属。

(2) 形态特征。具粗状根茎。叶基生，卵形至心状卵形，如图5.35所示。长15～25cm，宽9～15.5cm。花葶于夏秋两季从叶丛中抽出，具1枚膜质的苞片状叶，后者长4～6cm，宽1.5～2cm；总状花序，花梗长1.2～2 cm，基部具苞片；

图5.35 玉簪

苞片长2～3cm，宽1～1.2cm；花白色，芳香，花被筒下部细小，长5～6cm，直径2.5～3.5cm，花被裂片6，长椭圆形，长3.5～4cm，宽约1.2cm；雄蕊下部与花被筒贴生，与花被等长，或稍伸出花被外；子房长约1.2cm；花柱常伸出花被外。蒴果圆柱形，长6cm，直径1cm。

(3) 生态习性。耐寒冷，性喜阴湿环境，不耐强烈日光照射，要求土层深厚，排水良好且肥沃的砂质壤土。

(4) 观赏特性与园林用途。观叶地被。

## 5.3 常见草坪与地被植物应用

### 5.3.1 草坪与地被植物的常见应用形式

#### 1. 空间的联系与划分

地被植物常在外部空间中划分不同形态的地表面。地被植物能在地面上形成所需图案，而不需硬性的建筑材料。当地被植物与草坪或铺道材料相连时，其边缘构成的线条在视觉上极为有趣，而且能引导视线，圈划空间(草坪与地被之间的线条能吸引视线并能围合空间)。当地被和铺道对比使用时，能限定步行道的范围。从另一个方面说，两组植物或者是建筑在视觉上本来毫无联系，布局分离，但若以相同的地被植物延伸其下，便可使两组植物或者建筑统一成整体。

**知识链接：边缘种植**

在开放的草坪边缘进行其他地被植物的种植，从而将地面的植物组合在一个共同的区域的种植方法叫做边缘种植。

#### 2. 背景材料

是作为衬托主要元素或主要景物的无变化的、中性的背景。例如一件雕塑，或是引人注目的观赏植物下面的地被植物床。作为一自然背景，地被植物的面积需大得足以消除邻近因素的视线干扰。

#### 3. 单独成景

草坪草与其他观花的地被植物组织在一起，构成独立的风景。

**知识链接：花境**

花境是园林中从规则式构图到自然式构图的一种过渡的半自然式的带状种植形式，以体现植物个体所特有的自然美以及它们之间自然组合的群落美为主题。

花境种植床两边的边缘线是连续不断的平行直线或是有几何轨迹可循的曲线，是沿长轴方向演进的动态连续构图；其植床边缘可以有低矮的镶边植物；内部植物平面上是自然式的斑块混交，立面上则高低错落，既展现植物个体的自然美，又表现植物自然组合的群落美。

### 4．特殊种植

地被植物的实用功能，还在于为那些不宜种植草皮或其他植物的地方提供下层植被。地被植物的合理种植场所，是那些楼房附近，除草机难以进入或草丛难以生存的阴暗角隅。此外，一旦地被植物成熟后，对它的养护少于同等而积的草坪。与人工草坪相比较，在较长时间内，大面积地被植物层能节约养护所需的资金时间和精力。地被植物还能稳定土壤，防止陡坡的土壤被冲刷。因为在一个具有4：1坡度的斜坡上种植草皮，剪草养护是极其困难而危险的，因此，在这些地方，就应该用地被植物来代替。主要应用类型有运动型草坪、护坡类草坪。

## 5.3.2 应用案例

### 1．案例1草坪作为进行空间的划分

图5. 36所示道路两旁地被植物种植鸢尾和草，有效地降低了空气中的粉尘，明确界定了空间。

(a) (b)

图5. 36 道路两旁地被植物

### 2. 案例2草坪作为背景材料

如图5. 37所示，树林下的空间种植草坪，丰富空间，并为花卉提供背景。

图5. 37　林下地被丰富了植物层次

### 3. 案例3组成花境

图5.38所示为花境提供背景，并成为花镜的一部分。

图5. 38　花境

### 4. 案例4运动型草坪

主要的运动草坪包括高尔夫草坪(图5. 39)和足球场草坪(图5. 40)。

图5.39　高尔夫草坪

图5.40　足球场草坪

高尔夫草坪包括发球区、球道、障碍区、果岭四个区域，每个区域分别的草坪种类是：狗牙根、假俭草、结缕草；高羊茅；狗牙根+匍匐剪股颖。

常见的足球场草坪配置如下：

(1) 高羊茅(75%)+草地早熟禾(10%)+多年生黑麦草(15%)。

(2) 高羊茅(85%)+草地早熟禾(10%)+多年生黑麦草(5%)。

(3) 结缕草(50%)+高羊茅(50%)。

### 5. 案例5草坪护坡

护坡可以用传统的草坪草，如图5. 41所示，还可以使用观赏价值高的地被植物进行种植如图5. 42所示。

图5.41　草坪护坡

图5.42　红花酢浆草护坡

常见的护坡草坪配置如下：

(1) 普通狗牙根(70%)+巴哈雀稗(20%)+画眉草(10%)。

(2) 普通狗牙根(80%)+巴哈雀稗(20%)。

(3) 有时候加入5%的高羊茅或多年生黑麦草。

## 本章小结

本章对草坪地被植物作了较详细的阐述，包括草坪地被植物的概念、分类、选择标准，常见草坪地被植物的种类识别特性、习性与用途等。

具体草坪地被植物种类包括：狗牙根、结缕草、细叶结缕草、勾叶结缕草、假俭草、地毯草、野牛草、巴哈雀稗、一年生早熟禾、高羊茅、紫羊茅、羊胡子草、白三叶、红花酢浆草、二月兰、葱兰、麦冬、沿阶草、鸢尾、菲白竹、马蹄金。

本章的教学目标是使学生掌握常见草坪地被植物的种类、习性、用途，会根据不同的需要选择不同的草坪地被植物，并会合理的配置。

## 习　题

1．名词解释

缀花草坪　　草坪草　　地被植物　　生态入侵

2．单选题

(1) 草地早熟禾的单一草坪中，若出现紫羊茅草丛，紫羊茅一般情况下被视为(　　)。

A. 杂草　　B. 辅助草坪草　　C. 主要草种　　D. 点缀草种

(2) 黑麦草的主要用途是作为(　　)草坪使用。

A. 护坡　　B. 观赏　　C. 保护　　D. 牧草

(3) 对$SO_2$有较好抗性的草坪草种为(　　)。

A. 一年生早熟禾　　B. 黑麦草

C. 野牛草　　D. 白三叶

(4) 下面属于冷季型草的是(　　)。

A. 狗牙根　　B. 地毯草　　C.黑麦草　　D. 高羊毛

(5) 暖季型草坪草与冷季性草坪草的主要区别是(　　)。

A. 叶片宽些　　B. 更耐寒　　C. 兼容性更差　　D. 根系更发达

(6) 下列地被植物属于木本的是(　　)。

A. 菲白竹　　B. 马蹄金　　C. 白三叶　　D. 结缕草

3．简答题

(1) 选用草坪草种应注意哪些问题?

(2) 草坪常见的分类方式有哪些?

4．实训题

调查街头绿地的植物草坪和地被植物，完成街头绿地的植物配置。街头绿地位置：道路中间隔离带，宽4m；空中3m处有高压线。

# 第6章 水生植物

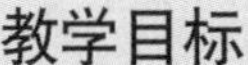

## 教学目标

通过对水生植物的学习，了解水生植物的分类，识别常见的水生植物，熟知常见水生植物的生态习性、观赏特性，能够合理地进行配置。

## 教学要求

| 能力目标 | 知识要点 | 权重 |
| --- | --- | --- |
| 了解水生植物的分类 | 挺水、浮水、沉水等类型 | 5% |
| 识别常见水生植物的种类 | 荷花、睡莲、再力花等常见种类 | 25% |
| 掌握常见水生植物的生态习性 | 喜水、喜光等生态习性 | 25% |
| 掌握常见水生植物的观赏特性 | 观花、观叶、观干 | 15% |
| 掌握常见水生植物的园林用途 | 水边、岸边 | 15% |
| 熟悉常见水生植物的观赏特性与园林用途形式 | 大水面、小水面、溪流 | 15% |

## 章节导读

随着城市生态园林建设、湿地公园与河道整治、居住区人工水景的迅速发展，水生植物已经成为现代城市建设和生态水景设计的必需元素。水生植物不仅具有较高的观赏价值，还可以净化和改善水质，在生态和园林建设中起着重要的作用。如睡莲，在中国传统园林中常应用，如图6.1的网师园水景；在现代园林中对水体的改良起到良好作用，如图6.2的睡莲和水杉套种改良水体。

图6.1 网师园水景图

图6.2 睡莲和池杉套种

### 知识点滴：湿地景观

湿地作为一类特殊环境的研究始于20世纪70年代初的《国际湿地公约》(以下简称《公约》)。公约将湿地定义为"不问其为天然或人工、长久或暂时之沼泽地、湿地、泥炭地或水域地带，带有或静止或流动、或为淡水、半咸水或咸水水体者。"同时又规定，"湿地可包括邻接湿地的河湖沿岸、沿海区域以及湿地范围的岛屿或低潮时水深不超过6m的区域"。湿地是地球上重要的生态系统，具有涵养水源、净化水质、调蓄洪水、美化环境、调节气候等生态功能，但却因人类的活动而日益减少，因此它又是全世界范围内一种亟待保护的自然资源。简单地说，湿地是一类介于陆地和水域之间过渡的生态系统。湿地公园的概念类似于小型保护区，但又不同于自然保护区和一般意义上的公园。根据国内外目前湿地保护和管理的趋势，兼有物种及其栖息地保护、生态旅游和生态环境教育功能的湿地景观区域都可以称为湿地公园。

随着湿地公园的美好景观的出现，湿地植物便应运而生了。顾名思义，生长在土壤含水量比较大或大气中比较潮湿的环境中的植物即称为湿地植物。湿地植物造景，除应具有较高的观赏价值外，还要求在无须经常性人为管理的条件下，能保持自身的景观稳定。

(1) 整体性。景观是由一系列生态系统组成的、具有一定结构与功能的整体。在进行湿地植物造景时，应把景观作为一个整体单位来思考、设计和管理。除了水面种植湿地植物外，还要注重水池、湖泊岸边耐湿乔灌木的配置，尤其要注重落叶树种的栽植，尽量减少水边植物的代谢产物，以达到整体最佳状态，实现优化利用。

(2) 多样性。湿地植物种类繁多，主要包括挺水植物、沉水植物和浮水植物。多样的湿地植物造就了多样的湿地景观。

(3) 景观个性。每种植物都具有与其他植物不同的个性特征，由湿地植物形成的湿地景观更是具有互不相同的结构与功能—这是地域分异客观规律的要求。根据不同的湿地条件、不同的周边环境、不同的湿地植物，结合瀑布、叠水、喷泉以及飞禽、游鱼等动态景观，将会呈现各具特色又丰富多彩的水体景观。

(4) 生态性。滨水湿地不同于现代钢筋混凝土筑就的人工环境。它存在于自然环境中，也适宜于在建设中保持或恢复自然生态的机能，进而影响整个城市生态，促进城市生态向良性发展。全自然、全生态的湿地植物便构筑了一道绿色的滨水岸线，一道绿色的城市风景线。

(5) 共享性。随着社会的进步，人们逐渐要求城市能提供更多的公共游憩空间。湿地植物造景的基本原则便是如何充分发挥水域湿地在改善城市生态环境、空间组织和景观质量等方面的潜在功能，从而在滨水地区土地转换与再开发中，建立开敞的绿色空间体系，切实保障岸线的共享性。

## 6.1 常见的水生植物

### 引例

让我们来看看以下现象：

在某公司进行水景设计中使用了黄菖蒲、水生鸢尾、黄花鸢尾、菖蒲等四种植物材料，在施工后发现只有菖蒲和水生鸢尾两种植物。请分析原因。

### 6.1.1 水生植物的分类

在园林水体植物景观设计中所涉及的水生植物依照不同植物的生态型，一般可将水生植物大致分以下几类：挺水植物(包含湿生和沼生)、浮叶植物、漂叶植物、漂浮植物、沉水植物、岸生植物、滨海湿地植物。

挺水植物是指根或根状茎生于水底泥中，植株茎叶高挺出水面，如荷花、水葱、千屈菜；浮叶植物是指根或根状茎生于泥中，叶片通常浮于水面，如睡莲、王莲、芡实、菱；漂浮植物是指根悬浮在水中，植物体漂浮于水面，可随水流四处漂流，如凤眼莲、浮萍。沉水植物是指根或根状茎扎生或不扎生水底泥中，植物体沉没于水中，不露出水面，如黑藻；水际或沼生植物是指能适应湿土至浅水环境的植物，如黄花鸢尾等；滨海湿地植物是指适宜在海岸生长的植物，椰子、露兜树、白水术、以红树林植物为主，同时适应海岸潮湿环境的其他海桐、海芒果、马鞍藤等。

**特别提示**

在自然界和造园实践中有时上述分类的界线不是截然分明的，比如挺水植物和岸边湿地植物、漂浮植物与浮叶植物。部分湿地植物可以生长在浅水中，表现了挺水植物的功能，如许多睡莲属植物常作为湿地植物观赏特性与园林用途，但可以生长在水体中作挺水植物。部分漂浮型的水生植物，如水葫芦，可以在浅水区扎根于土壤成为浮叶植物或岸边湿地植物，同时形态上有所改变，其具漂浮功能的、海绵状膨大的叶柄退化。浮叶型的菱属植物有时可以漂浮在水面成为漂浮型植物。

虽然水生植物的种类很多，形态和生长生态习性各具特色，但在景观园林观赏特性与园林用途中，设计师通常把重点及周边景观的营造中，水面和水边植物常常被当做重要的造景元素来使用。所以在景观园林设计中，在园林中常用的植物类型是挺水型、浮叶型和水际植物。

## 6.1.2 常见的水生植物

### 1. 睡莲 Nymphaea spp

(1) 科属。睡莲科睡莲属。

(2) 形态特征。地下根状茎平生或直生。叶基生，具细长叶柄，浮于水面；叶光滑近革质，圆形或卵状椭圆形，上面浓绿色，背面暗紫色。花单生于细长的花柄顶端，有的浮于水面，有的挺出水面。夏秋开花，花色有深红、粉红、白等，如图6.3所示。

(3) 生态习性。喜阳光充足，通风良好，水质清。要求肥沃的中性黏质土壤。喜温暖。

(4) 观赏特性与园林用途。丛植点缀水面，丰富水景，适宜在庭院的水池中布置，亦可盆栽观赏。

(a)

(b)

(c)

图6.3 睡莲

### 2. 荷花 Nelumbo nucifera

(1) 科属。睡莲科睡莲属。

(2) 形态特征。地下根茎有节，横生于水底泥中。叶盾状圆形，表面深绿色，被蜡质白粉背面灰绿色，全缘并呈波状。叶柄圆柱形，密生倒刺，花单生于花梗顶端、高托水面之上，有单瓣、复瓣、重瓣及重台等花型；花色有白、粉、深红、淡紫色或间色等变化，如图6.4所示。花期6～9月，果熟期9～10月。

(3) 生态习性。莲喜相对稳定的静水，忌涨落悬殊和风浪较大的流水，水深一般不宜超过1.5m。生长季茎叶最适温度为25～30℃。日照充足，不宜长期在室内栽培。土质以富含有机质的黏壤土为宜。莲子寿命特别长，千年古莲子仍能萌发新株。

(4) 观赏特性与园林用途。砌池植莲，并依水建立桥、榭，构成观荷景区。可用于点缀庭园水面，净化水体，或作盆栽。

### 3. 千屈菜 Lythrum salicaria

(1) 科属。千屈菜科千屈菜属。

(2) 形态特征。多年生宿根挺水花卉，如图6.5所示，高约30～100cm，茎直立，四棱形或六棱形，被白色柔毛或无毛，多分枝。叶对生或3叶轮生，狭披针形，先端稍钝或锐，基部圆形或心形，有时抱茎，两面具短柔毛或背面有毛，全缘、无叶柄。长穗状花序顶生，小花多而密集，紫红色。

(3) 生态习性。喜温暖。耐寒性较强，喜光和通风良好。喜生长于浅水中。也可露地旱栽，对土壤要求不高，但喜肥沃、深厚的土壤。

(4) 观赏特性与园林用途。适用于水边丛植和水池遍植，可做水生花卉园花境背景。还可盆栽摆放庭院中观赏。

图6.4 荷花

图6.5 千屈菜

### 4. 水生鸢尾 Iris pseudacorus

(1) 科属。鸢尾科鸢尾属。

(2) 形态特征。水生类鸢尾的叶形、株形、生态习性与常绿水生鸢尾其他相似，如图6.6所示。

(3) 生态习性。常绿水生鸢尾喜光照充足的环境，特别适应冷凉性气候，夏季高温期间停止生长，略显黄绿色，在35℃以上进入半休眠状态，抗高温能力较弱。在长江流域一带，常绿水生鸢尾11月至翌年3月分蘖，4月份孕蕾并抽生花葶，5月份开花，花期为20天左右。

(4) 观赏特性与园林用途。能常年生长在20cm水位以上的浅水中，可作水生植物、湿地植物或旱地花境材料。

图6.6 水生鸢尾

**特别提示**

引例答案：因为上述的黄菖蒲、水生鸢尾、黄花鸢尾其实都是一种植物，即水生鸢尾。在水景设计中要注意着眼实际，不能望文生义，区分学名和商品名的区别。

### 5. 再力花 *Thalia dealbata*

(1) 科属。竹芋科塔利亚属。

(2) 形态特征。多年生挺水草本，如图6.7所示。叶卵状披针形，浅灰蓝色，边缘紫色，长50cm，宽25cm。复总状花序，花小，紫堇色，全株附有白粉，温带地区是一种优秀的温室花卉，花柄可高达2m以上。

(a)

(b)

图6.7 再力花

(3) 生态习性。在微碱性的土壤中生长良好。好温暖水湿、阳光充足的气候环境，不耐寒，入冬后地上部分逐渐枯死。以根茎在泥中越冬。

(4) 观赏特性与园林用途。株形美观洒脱，叶色翠绿可爱，是水景绿化的上品花卉。或作盆栽观赏。

### 6. 菖蒲 Acorus calamus

(1) 科属。天南星科菖蒲属。

(2) 形态特征。多年水生草本植物，如图6.8所示。有香气，根状茎横走，粗状，稍扁，直径0.5～2cm，有多数不定根(须根)。叶基生，叶片剑状线形，长50～120cm，或更长。花茎基生出，扁三棱形，长20～50cm，叶状佛焰苞长20～40cm。肉穗花序直立或斜向上生长，圆柱形，黄绿色；花两性，密集生长，花被片6枚，条形。花期6～9月，果期8～10月。

(3) 生态习性。生于池塘、湖泊岸边浅水区，沼泽地中。最适宜生长的温度20～25℃，10℃以下停止生长。冬季以地下茎潜入泥中越冬。

(4) 观赏特性与园林用途。水景岸边及水体绿化。可盆栽观赏或作布景用。可栽于浅水中，或作湿地植物。叶、花序还可以作插花材料。

### 7. 香蒲 Typba angustata

(1) 科属。香蒲科香蒲属。

(2) 形态特征。多年生宿根挺水花卉，如图6.9所示，地下具匍匐状根茎。地上茎直立，不分枝，高150～350cm。叶由茎基部抽出，二列状着生，长带形，渐细，端圆钝，基部鞘状苞茎，色灰绿。穗状花序呈蜡烛状，浅褐色，雄花序在上，雌花序在下，中间有间隔，露出花序轴。

(3) 生态习性。对环境条件要求不严格，适应性强，耐寒，但喜阳光，喜深厚肥沃的泥土，最宜生长在浅水湖塘或池沼内。

(4) 观赏特性与园林用途。水边丛植或片植，也可盆栽观赏，还是切花的良好材料。

图6.8 菖蒲

图6.9 香蒲

## 8. 水葱 Scirpus tabernaemontani

(1) 科属。莎草科藨草属。

(2) 形态特征。多年生宿根挺水花卉。地下具粗壮而横走的根茎。地上茎直立，圆柱形，中空，粉绿色。叶片线形，长1.5～11cm，聚伞花序顶生，稍下垂。花果期6～9月。常见的栽培品种还有花叶水葱。

(3) 生态习性。性强健。喜光，喜温暖、湿润，耐寒，耐阴，不择土壤。在自然界中常生于湿地、沼泽地或池畔浅水中。

(4) 观赏特性与园林用途。常用于水面绿化或作岸边、池旁点缀，如图6.10所示水葱和美人蕉在水边种植。可盆栽观赏，可作切花材料。

## 9. 花叶芦竹 Arundo donax

(1) 科属。禾本科芦竹属。

(2) 形态特征。多年生宿根草本植物，如图6.11所示。根部粗而多结。秆高1～3m，茎部粗壮近木质化。叶宽1～3.5cm。圆锥花序长10～40cm，小穗通常含4～7个小花。花序形似毛帚。叶互生，排成两列，弯垂，具白色条纹。地上茎挺直，有间节，似竹。

(3) 生态习性。通常生于河旁、池沼、湖边。喜温喜光，耐湿较耐寒。

(4) 观赏特性与园林用途。主要用于水景园背景材料，也可点缀于桥、亭、榭四周，可盆栽用于庭院观赏。花序可用作切花。

图6.10 水葱(右边美人蕉)

图6.11 花叶芦竹

## 10. 芦苇 Phragmites australis

(1) 科属。禾本科芦苇属。

(2) 形态特征。芦苇的植株高大，地下有发达的匍匐根状茎。茎秆直立，秆高1～3m，节下常生白粉。叶鞘圆筒形，无毛或有细毛。叶舌有毛，叶片长线形或长披针形，排列成两行。叶长15～45cm，宽1～3.5cm，圆锥花序分枝稠密，向斜伸展，花序长10～40cm，小穗有小花4～7朵；颖有3脉，一颖短小，二颖略长；第一小花多为雄性，余两性；第二外样先端长渐尖，基盘的长丝状柔毛长6～12mm；内稃长约4mm，脊上粗糙。具长、粗壮的匍匐根状茎，以根茎繁殖为主。

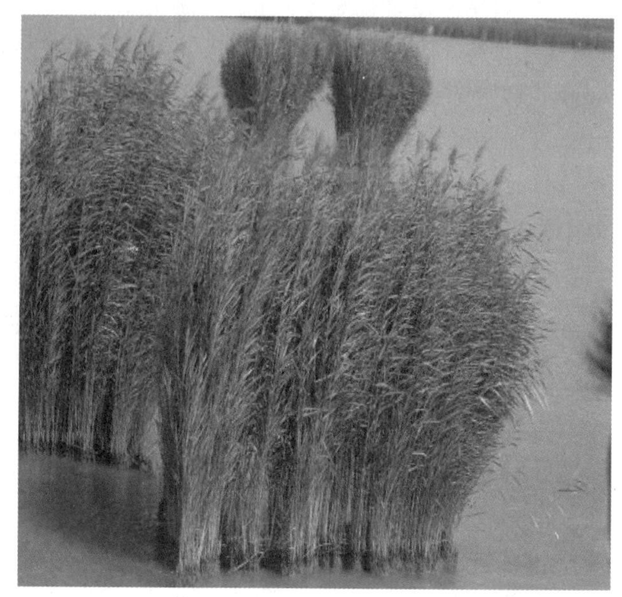
图6.12　芦苇

(3) 生态习性。多生于低湿地或浅水中。

(4) 观赏特性与园林用途。种在公园的湖边，开花季节特别美观，如图6.12所示。

**特别提示**

*芦苇是经常见到的水边植物，芦苇常会和寒芒搞混，区别是芦苇的茎是中空的，而寒芒不是，另外，寒芒到处可见，芦苇是择水而生。*

### 11. 雨久花 Monochoria korsakowii

(1) 科属。雨久花科雨久花属。

(2) 形态特征。多年生宿根挺水花卉，如图6.13所示。地下具匍匐状根茎。地上茎直立，不分枝，高150～350cm。叶由茎基部抽出，二列状着生，长带形，渐细，端圆钝，基部鞘状苞茎，色灰绿。穗状花序呈蜡烛状，浅褐色，雄花序在上，雌花序在下，中间有间隔，露出花序轴。

(3) 生态习性。喜温暖、潮湿和阳光充足的地方，也耐半阴，不耐寒。

(4) 观赏特性与园林用途。观花，水边丛植或片植，也可盆栽观赏。

图6.13　雨久花

# 6.2 水生植物的观赏特性与园林用途

## 引例

让我们来看看以下现象：

在进行水景种植施工中按照施工图纸要求将荷花种植面积占整个水面的2/3，香蒲、黄菖蒲的种植深度也达到了1.5m，结果不到半年，香蒲、黄菖蒲出现大面积死亡，水中无倒影景致。请分析原因。

善莱在我国古典园林中，水生植物是园林水景的重要造景素材。人们常用荷花、睡莲、香蒲、芦苇及藻类等水生植物造景。岸边常种植柳、竹、石榴、桃、槐、木芙蓉等植物。古人运用不同的造景手法，表现各种水生植物的美丽，反映园林的风貌。在著名的承德避暑山庄七十二景中，以水生植物命名或以水生植物为主景的有很多处，如“曲水荷香”“观莲所”“采菱渡”等，颐和园中的“荇桥”与“水木自亲”等。

在西方，水景与植物结合而成的水景园是非常重要的专类园形式之一。水景园中的水体向人们提供安宁和轻快的风景，在那里有不同色彩的芳香植物，还有瀑布、溪流的声响。池中及沿岸配植各种水生植物、沼泽植物和耐湿的乔灌木，而组成有背景和前景的园林，无不表现出水生植物特有的艺术魅力。

总之，各类水体，不管是静态水景，或是动态水景，都离不开植物来创造空间意境。在园林规划设计中，重视对水体的造景作用，处理好园林植物与水体的景观关系，水景中配置适宜的植物群落，才可营造出引人入胜的水景景观。

**知识链接：自然水景系统（NARS(natural aquascape restoration system)，以下简称NARS）**

它是一种以设计和治理相结合来综合营造自然水体景观以及进行生态水处理的科学方法。NARS的治理主要包括以下几个子系统：NARS底质综合治理、NARS水质综合治理、NARS微生物菌群、NARS水生动植物系统和其他措施(如突变事件而导致的水质变化等)。

### 6.2.1 水生植物在园林水景中观赏特性与园林用途方式

按照水体形式，大致可以分为宽阔静水面、小型静水体和溪流。对不同的水体形式，水生植物的观赏特性与园林用途方式也是不尽相同的。

#### 1. 宽阔静水面水生植物观赏特性与园林用途

宽阔水面往往能带给人以开敞、舒畅的感觉。因而水生植物的观赏特性与园林用途配置主要考虑远观效果，注重整体性与连续性，以营造水生植物群落景观为目的。

局部水体上要大面积种植，营造片、面的景观效果，给人壮观的视觉感受。整体上则要考虑到水生植物和水面的比例，从平面上看，应留出1/3～1/2水面，不宜过密，否则会破坏水中倒影及景观透视线，对鱼类及沉水植物的生长造成不利影响，同时也要考虑所选水生植物色彩、形态等与沿岸滨水植物的协调。

### 2．小型静水体水生植物观赏特性与园林用途

面积较小的水体主要考虑近观效果，水面植物配置要更加精细，更注重植物单体的形态及立面景观效果，对植物的姿态、色彩、高度有特别的要求，除观花效果较好的水生植物外，也可以适当采用一些花叶的园艺品种，如花叶芦竹、花叶水葱等，或是具有特殊叶型的植物，如慈姑、莎草等。同时也要考虑水面的镜面效果，水中的植物配置切忌拥塞，留出足够空旷的水面来展示倒影。在立面处理上，应合理搭配浮叶植物、漂浮植物与挺水植物，考虑不同群落的层次搭配，丰富物种多样性。合理的混合种植相对于单一植物有更高的观赏价值、净化处理能力和生态稳定性，但也要注意在色泽、质感等方面的协调统一。

### 3．溪流水生植物观赏特性与园林用途

园林景观中的溪流大致可分为自然式溪流及人工式溪流。自然式溪流多见于公园、风景区中，水生植物配置以岸边挺水植物为主，形成溪流两岸带状水生植物景观，既可柔化生硬的驳岸，又可形成岸边乔——灌——草——水生植物相结合的丰富的景观效果。配置时应高低错落、疏密有致，体现节奏与韵律，切忌位于同一水平线或是沿边线等距离种植。

较宽的溪流水面可辅以少量浮叶及漂浮植物，如水鳖、野菱等，较窄的溪流则无须配置，也不宜配置体量较大的水生植物，如芦苇、芦竹等，以免形成不协调的视觉感受。而人工式溪流可见于居住区、广场中，宽度、深度均不及自然式溪流，多为硬质池底，上覆卵石或少量种植土。此种情况可以采用盆栽的形式。人工式溪流不宜配置过多的水生植物，以免产生纷杂凌乱之感，宜选择鸢尾、雨久花等体量较小的水生花卉，数株一丛点植于水边或块石旁，起到点缀的作用。

**特别提示**

引例答案：无倒影是荷花种植密度太高，使得荷花在半年内覆盖了整个水面。

黄菖蒲和香蒲会死亡，是因为黄菖蒲和香蒲种植太深，超过可承受的极限。一般挺水植物对水深的适应性在60cm以内，黄菖蒲55cm，个别植物体特别高大的可达70cm，因此在进行水生植物设计和施工中特别注意每种植物的种植密度和深度的问题。

## 6.2.2 水生植物在园林中应用案例

### 1. 案例1武汉植物园水景

武汉植物园水景如图6.14所示，植物配置是：水杉+芦苇+花叶芦竹+水生鸢尾+睡莲+水葱。

图6.14 武汉植物园水景

该水景中利用较高的水生植物，利用大面积水体，增加景深，分割水体，便于欣赏远景和水中借景。

**特别提示**

华中地区适合在水边种植的木本植物有：水杉、池杉、落羽杉、枫杨、柳、垂柳、乌桕、竹、木芙蓉、夹竹桃。

### 2. 案例2武汉解放公园水景

武汉解放公园水景如图6.15所示，植物配置是：再力花+花叶芦竹+水生鸢尾+百合。图中利用大量的水生植物将美观和生态改良结合在一起，这是水景植物的一种发展趋势。

图6.15　武汉市解放公园水景

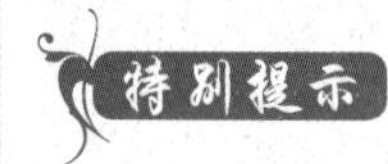


适合在临水边的植物主要有：香蒲、菖蒲、再力花、水生鸢尾、水葱、花叶芦竹、芦苇、百合、醉鱼草、美人蕉。

种植建议：芦苇、香蒲、菰这类极易依靠地下根茎蔓延的水生植物，在配置时应尽量缸栽或另外砌筑种植槽，单独种植。还有部分沉水植物更是如此，需定期打捞部分，否则极易泛滥成灾。

3．案例3湖边一角

湖边一角(如图6.16所示)，植物配置是：伞草+美人蕉+睡莲+再力花。该配置使用大量临水植物，具有良好的色相和季相变化，形成自然生态的水岸，构成该水景中的主题景观。

4．案例4小区中心水景

小区中心水景如图6.17所示，植物配置是：垂柳+柞木+芦苇+荷花+睡莲。利用荷花、芦苇和垂柳相结合，形成美好景观。

图6.16　湖边一角

图6.17　小区中心水景

**特别提示**

适合在水中的水生植物主要有：睡莲、荷花。

种植建议：建议缸栽，既可以控制蔓延，又可以一定程度的控制水体污染，可用中空的钢管插入缸中，然后将固体肥料从管道中送入水缸。如果直接地栽在水池中，施肥过程中就可能对水体造成严重污染，也不便于管理。

5. 案例5小溪边水景

小溪边水景如图6.18所示，植物配置是：垂柳+美人蕉+旱伞草+再力花+水葱。在自然式溪流岸边，乔——草——水生植物相结合，高低错落、疏密有致，体现节奏与韵律，形成丰富的景观效果。

图6.18 世博园小溪边水景

## 本章小结

本章对水生植物较详细的阐述，包括水生植物的分类、常见种类的识别、习性和园林观赏特性与园林用途。

常见水生植物包括：荷花、睡莲、千屈菜、香蒲、菖蒲、再力花、水生鸢尾、水葱、花叶芦竹、芦苇等。

本章的教学目标是使学生掌握各种水生植物的种类、习性、观赏特性和用途，会根据不同的立地条件、种植深度和适用区域选择合适的水生植物进行景观配置。

## 习 题

1．多选题

(1) 水生植物按照生活类型分为(　　)类型。

A.水仙　　B.黄昌蒲　　C.慈姑　　D.荷花

(2) 下列属于挺水植物的是(　　)。

A.千屈菜　　B.黄昌蒲　　C.水葱　　D.花叶芦竹

(3) 可以种植在水边的植物有(　　)。

A.水仙　　B.垂柳　　C.水杉　　D.荷花

(4) 下列水生植物主要以观花为主的是(　　)。

A.再力花　　B.芦苇　　C.千屈菜　　D.香蒲

(5) 适合在静水植物有(　　)。

A.睡莲　　B.水葱　　C.慈姑　　D.荷花

2．简答题

(1) 谈谈水生植物应用的注意事项。

(2) 简述水生植物的分类方式。

3．实训题

调查所在地的公园绿地，收集所使用的水生植物的类型，并对其景观效果作出评价。

# 第7章 园林植物造景

## 教学目标

通过对园林植物的造景原则、造景方式的学习，理解园林植物造景的生态性、功能性、美学性和经济性原则；掌握园林植物的造景方式；了解现代园林植物的应用趋势。

## 教学要求

| 能力目标 | 知识要点 | 权重 |
|---|---|---|
| 理解园林植物造景原则 | 生态性、功能性、美学性等造景原则 | 70% |
| 掌握园林植物的造景方式 | 孤植、群植等造景方式 | 20% |
| 了解现代园林造景趋势 | 多样性等发展趋势 | 10% |

## 章节导读

随着现代园林的发展，园林植物的应用越来越广泛，在传统绿化如图7.1所示的基础上，出现的屋顶绿化如图7.2所示、垂直绿化如图7.3所示及墙体绿化如图7.4所示等多方位的立体绿化。

图7.1　传统绿化

图7.2　屋顶绿化

图7.3　垂直绿化

图7.4　墙体绿化

### 知识点滴：植物造景的发展历史

在旧石器时代，人类在采集植物块根和果实种子供食用的时候就认识了某些植物。希腊、埃及、巴比伦、中国、印度等文明古国对植物知识都有记述。从《诗经》中可知此时园林植物主要是为人们提供生产、生活资料，其中桃、李、棠棣、木瓜、梅等已成为众人喜爱的观赏花木。据载：吴王夫差曾造梧桐园(今江苏吴县)，会景园(在嘉兴)，记载中说："穿沿凿池，构亭营桥，所植花木，类多茶与海棠，"这说明当时造园及花木配置已具相当高的水平。战国时期，屈原《离骚》载有："朝饮木兰之坠露兮，夕餐秋菊之落英"，这里已明确提到木兰与菊花已成为观赏植物。

秦汉期间，随着封建社会的出现及生产力水平的提高和农业的发展，园林植物的种与品种都很繁多，引种驯化活动也十分频繁，此时人们对植物是综合利用：观赏、食用及提供生产资料等。值得注意的是，在2000多年前的秦代，我国就有了街道绿化。魏晋南北朝时，随着自然山水园林的出现，人们对植物在园林中的造景也愈加讲究。《洛阳伽兰记》中记载："当时四海晏请，八荒率职……于是帝族王侯、外戚公主，擅山海之富、居川林之饶，争修园宅，互相竞夸，祟门丰室，洞房连户，飞馆生风、重楼起雾，高台芸榭，家家而筑，花林曲池，园园而有，莫不桃李夏绿，竹柏冬青"，"入其后园，见沟读赛产，石蹬碓尧，朱荷出池，绿萍浮水，飞梁跨阁，高树出云。"可见此时园林中树木很多，配置上已很讲究意境。西晋大官僚石祟的金谷园，园内树木繁茂，植物配置以柏树为主调，其他的种属则分别与不同的地貌相结合而突出其成景作用，如前庭配有海棠，后园植有乌桕，柏木林中梨花点缀等。而且在这期间，随着佛教、道教盛行，寺、观的大量兴建，相应地出现了寺观园林这个新的园林类型。

隋唐时期是我国封建社会的兴盛时期，政治、经济、文化都有很大的发展，农业生产空前繁荣，同时也是园林的全盛时期。隋炀帝所筑西苑，方圆二百里，苑内十六院绕龙鳞渠而筑，庭院周围均植名花，渠上有桥，过桥百步，既是郁郁葱葱的杨柳与修竹。这里种植的植物，已作精心布局，使山水、建筑、花木交相辉映，景色如画。在唐明皇的宫苑中，植物配置合理，如沉香亭前植木芍药，庭院中植千叶桃花，后苑有花树，兴庆池畔有醒醉草，太液池中栽千叶白莲，太液池岸有竹数十丛；唐朝的长安城人口一百多万，是当时世界上规模最大、规划最严谨的一座繁荣城市。政府对城市街道绿化十分重视，严禁任意侵占街道绿地。居住区的绿化由京兆尹(相当于市长)直接主持。居民分片包干种树，"诸街添补树……价折领于京兆府，乃限八月栽毕"。主要街道的行道树以槐树为主，间植榆、柳；皇城、宫城内则广种梧桐、桃树、李树和柳树。据此，可以设想长安城内城市绿化是十分出色的。

宋元清初时期为我国园林的成熟前期，造园时对花木的选择栽植，利用园林植物造景已形成其独特的风格：造园时十分注意利用绚丽多彩、千姿百态的植物，且注意一年四季的不同观赏效果，乔木以松、柏、杉、桧等为主，花果树以梅、李、桃、杏为主；花卉以牡丹、芍药、山茶、琼花、茉莉等为主，临水植柳，水面植荷渠，竹林密丛等植物配置，不仅起绿化作用，更多的是注意观赏和造园的艺术效果。

在宋朝出现了以花木为主的园林，如天王花园子、归仁园、李氏仁丰园。《洛阳名园记》中记载归仁园："归仁其坊名也，园盖尽些一坊，广输皆里余。北有牡丹、芍药数千株，中有竹千亩，南有桃李弥望"，说明此园为一个花簇锦绣，植物配置种类繁多，以花木取胜的园子。

元朝的版图大，宗教活动多且复杂，寺、观庙宇也很多，其中多有建置园林的，其中又以位于西湖北岸的大承天护圣寺景观最美。当时到过大都的朝鲜人写的《朴通事》对其有详尽生动的描写："殿前阁后，擎天耐寒傲雪苍松，也有带雾披烟翠竹，诸杂名花奇树不知其数。"可见，在优美的园林景观中，植物的造景作用是必须的。清朝中叶和清末随着园林的日趋成熟，造园时对植物的配置及造景作用，积累了许多丰富的经验。清代晚中期园林，因建筑物增多，花木不可能密集种植，因此改为同种植物少数植株进行丛植，如丛桂之内，不以其他花木杂之。或采用几种花木少数植株进行群植，如在粉墙前面竖以湖石，再配置芭蕉、翠竹和其他花木，使富于诗情画意，或在大树周围用砖石砌成花坛，杂莳各种花卉，或在漏窗、景窗前配置园林植物，使之构成一幅幅生机盎然的图画。尤其在庭园中还运用盆花以弥补永久性灌木景观缺乏变化的不足，开花季节，选择佳种，置于台阶回廊两侧，或置于客厅、书斋内，使园景更加美丽而又不失季相变化。

纵观中华民族数千年的文明史，勤劳、勇敢、智慧的中国人民自古以来就学会了植物在园林中的应用，许多植物用于园林中创造植物景观，形成了我国特有的园林文化。众所周知，中国传统园林独树一帜，为世界造园史上的艺术瑰宝。

现在，由于环境恶化，人类愈来愈渴望回归大自然。我国的园林建设也以植物景观为主，建设生态园林满足各方面的需要。此外，近年来各地积极营建森林公园，相关部门也纷纷成立自然保护区、风景区。据统计，截至1990年年底，我国共建立了480个自然保护区，其中陆地生物群落保护区438个，面积32151978$hm^2$，占国土面积的2.98%。在城市园林植配置上，不仅注重植物的造景功能，更注重植物的抗污功能。

# 7.1 园林植物造景原则

## 引例

让我们来看看以下现象：

(1) 作为行道树的樟树出现大面积叶片发黄，还有脱落的现象，后请专家进行诊断，结果没有喷药，只对其进行了土壤处理。请问专家诊断是何原因樟树出现这种现象。

(2) 某城市进行旧区园林改造过程当中，设计者在庭院前面设计种植大面积柳树，却遭到该区居民集体上诉，坚决反对使用柳树，最后只能改用海棠。请分析原因。

## 7.1.1 生态学原则

近年来由于气候变化、环境污染等原因，人们对生态的重视度不断提高。在这种背景下，园林界提出了园林生态学理论，这种理论以人类生态学为基础，融汇景观学、景观生态学、植物生态学和有关城市生态系统等理论，研究风景园林和城市绿化影响范围内的人类生活、资源利用和环境质量三者之间的关系及调节的途径，并提出了园林生态设计的原则。在园林植物造景中首先要符合植物的生态要求，尤其需要把生态学的相关原则和发挥生态效益的思想融入设计中。

### 知识链接：生态园林城市

“国家生态园林城市”的创建由住房和城乡建设部于2007年发起，申报城市必须获得“国家园林城市”、“中国人居环境奖”等称号。

具有宜人的生态环境和美好的城市景观，是人们在目前生态环境恶劣、城市景观特色不突出的状况下，渴望实现的一个理想城市建构模式。它是一个理性与感性的完美组合，具有“生态城市”的科学因素和“园林城市”的美学感受，赋予人们健康的生活环境和审美意境。

### 1．充分了解植物的生长习性，做到因地制宜，适地适树

外界的自然环境(如气温、水分、土壤等)影响园林植物的生长、发育。了解植物生态习性是保证种植设计得以成功实施的重要的科学性依据，掌握植物生态习性，做到“因地制宜”“适地适树”，使每株植物能正常生长发育，是园林植物应用的基础。因此根据城市生态环境的特点选择树种，做到适地适树，有时还需创造小环境或者改造小环境来满足园林树木的生长、发育要求。

特别提示

引例(1)樟树出现大面积变黄是因为种植的土壤板结，偏碱性。

例如，在植物造景中尽量做到因地制宜，速生树种与慢生树种相结合，常绿树与落叶树相结合，合理进行平面布置。速生树种生长快、见效早，但寿命短、易衰老，比较适合新建城市或新兴开发区，能尽早发挥绿化效益；慢生树种生长慢，见效慢，但寿命较长，避免了经常更新所造成的诸多不利，使园林绿化各种效益有一个相对稳定的时期。因此从长远的观点看，必须合理地搭配速生树种与慢生树种，才能兼顾近期与远期景观，做到有计划地、分期分批地使慢生树种成为城市绿化的主体。同时适当将常绿树种和落叶树种结合，落叶树种具有季节变化，能丰富绿地四季景观，常绿树四季常青能打破冬季的寒冷枯燥，增添绿色。在利用常绿树种造景的同时也需要在选择树种时考虑适当比例的落叶树。

特别提示

为了缓解植物生长缓慢和近期景观效果之间的关系，有一种设计手法叫“减法造景”，在设计中可适当用填充树种(同种或不同种)，加大栽植密度，以多取胜，从数量上增加近期景观，等到后期将填充树种移走的方法。

常绿树与落叶树的比例。根据调查，华北地区常以1：4～1：3为宜，长江中下游地区常采用2：1～1：1，华南地区一般采用4：1～3：1。

### 2．借鉴当地植被群落，建立复合型生态植物群落，充分发挥植物的生态效益

植物分布受气候带影响，由于受温度、湿度、土壤以及海拔等因素的影响和制约，往往形成不同的植物区域划分，从而在同一植物气候带内既具有共性也具有个性，就是由于这些植物种类的共性和差异性形成了不同地方的植物特色。这种特色形

成了独特的地方风格和浓郁的乡土气息，可以使本地人感到亲切自然，朴素大方；外来人感到新鲜活泼，从新鲜感产生愉悦感和欢乐的思绪和情感，而这些具有鲜明地方性的植被如果在异地的使用，还可以使人联想到其自然分布地带的风光。所以在植物造景中要重视当地植被的应用，借鉴当地植被的植物层次和群落结构及乡土植物构成，从而可以在设计中体现出地方的风格和特色。在这个基础上适当引用适合本地的外来树种，可以做到喜闻乐见和新颖奇特相结合。

**特别提示**

不同地方的自然群落：

1.适于北方寒带地区的植物群落举例

侧柏(或桧柏、云杉等)＋泡桐(或银杏、构树、臭椿、毛白杨等)—金银木(或天目琼花、矮紫杉、珍珠梅等)—丰花月季＋平枝栒子—冷季型草坪。

2.适于温带地区的人工植物群落举例

(1)油松(或圆柏、云杉、雪松等)＋臭椿(或国槐、白玉兰、绦柳、白蜡、栾树等)—大叶黄杨＋碧桃＋金银木(或紫丁香、紫薇、接骨木等)—矮紫杉＋丰花月季(或连翘、玫瑰等)—鸢尾或麦冬。

(2)华山松(或白皮松、云杉、粗榧、洒金柏等)＋银杏(栾树、黄栌、杜仲、核桃等)—早园竹＋金银木(或珍珠梅、平枝栒子、构骨、黄刺玫等)—萱草＋冷季型草坪。

3.亚热带地区植物种类繁多

(1)香樟(榔榆＋乌桕＋栾树＋枫香)—棕榈＋石楠(构骨＋海桐＋南酸枣＋女贞＋溲疏＋紫藤＋南天竹＋蚊母)—二月兰(白三叶草＋吉祥草＋狗牙根)。

(2)银杏(英桐＋枫)—石楠＋胡颓子(蜡梅)—麦冬。

(3)雪松＋广玉兰—紫薇＋紫荆＋云南黄馨—鸢尾＋红花酢浆草＋其他地被。

(4)马尾松(小叶栎＋枫香)—化香＋香檀＋白栎＋储栎＋草、蕨类。

(5)青岗栎＋麻栎＋栓皮栎—石楠＋储栎＋草本。

4.热带地区的植物配置

(1)凤凰木＋白兰—黄槐＋紫花羊蹄甲—夜合＋茶梅＋展毛野牡丹＋凤凰杜鹃＋九里香—兆兰＋黄花石蒜＋紫三七；层间藤本：华南忍冬。

(2)木棉＋木莲—大花紫薇＋红花羊蹄甲＋鱼尾葵—含笑＋鹰爪花＋桃金娘＋野牡丹＋金丝桃＋锦绣杜鹃＋八仙花—葱兰＋蜘蛛兰；层间藤本：白花油麻藤。

(3)重阳木＋深山含笑—鱼木＋阳桃—映山红＋黄蝉＋狭叶水栀子＋白英丹＋红纸扇＋金脉爵床—红豆蔻＋砂仁＋大叶油草；层间藤本：使君子＋龟背竹。

(4)红花菜豆树＋假苹婆—海红豆＋台湾相思＋紫薇—大花软枝黄蝉＋鸡蛋花＋五色梅。

1) 以乡土植物为主，适当选用驯化的外来及野生植物

绿化植树，种花栽草，创造景观，美化环境，最基本的一条是要求栽植的植物能成活，健康生长。城市的立地条件较差、温度偏高、空气湿度偏低、土壤瘠薄、大气污染等，在这些苛刻的条件下选择植物，这就必须根据设计地的自然条件选择适应的植物材料，即“适地适树”。

乡土植物千百年来在这里茁壮生长，对本地区的自然条件最能适应性，最能抵御灾难性气候；另外，乡土植物苗木易得，免除了到外地采购、运输之劳苦，还避免了外来病虫害的传播、危害；乡土植物的合理栽植，还体现了当地的地方风格。因此在选择植物材料时最先考虑的就是乡土植物。

**特别提示**

不同地方的乡土植物有：

(1) 北京。榆叶梅、柿子、雪松、月季、龙爪槐、槐树、石榴、白皮松、圆柏、棣棠、西府海棠、丁香、珍珠梅、迎春、垂柳、毛白杨。

(2) 武汉。英桐、广玉兰、樟树、水杉、池杉、银杏、女贞、垂柳、重阳木、国槐、栾树、马褂木、合欢、珊瑚朴、朴树、枫杨、枫香、皂荚、臭椿、榆树、无患子、楸树。

(3) 广州。蓝花楹、凤凰木、串钱柳、簕杜鹃、红千层、小叶紫薇、翅荚决明。

为了丰富植物种类，弥补当地乡土植物的不足，也不应排除优良的外来及野生种类，但它们必须是经过长期引种驯化，证明已经适应当地自然条件的种类，如原产欧美的悬铃木，原产印度、伊朗的夹竹桃，原产北美的刺槐、广玉兰、紫穗槐，原产巴西的叶子花等，早已成为深受欢迎、广泛应用的外来树种。近年来从国外引种已应用于园林绿地的金叶女贞、红王子锦带、西洋接骨木、金山绣线菊等一批观叶、观花、观果的种类也表现出优良的品质。至于野生种类，更有待于我们去引种，经过各地植物园的近年大力工作，一批生长在深山老林的植物逐渐进入城市园林绿地，如天目琼花、猬实、流苏树、山桐子、小花溲疏、蓝荆子、二月兰、紫花地丁、崂峪苔草等。

2) 乔灌木为主，草本花卉点缀，重视草坪地被、攀缘植物的应用

木本植物，尤其乔木是城市园林绿化的骨架，高大雄伟的乔木给人挺拔向上的感受，成群成林的栽植又体现浑厚淳朴、林木森森的艺术效果；优美的形体使其成为景观的主体，人们视线的焦点。乔木结合灌木，担当起防护、美化、结合生产综合功能的首要作用。若仅仅有乔木骨架而缺肌肤，则不堪入目。一个优美的植物景观，不仅需要高大雄伟的乔木，还要有多种多样的灌木、花卉、地被。乔木是绿色的主体，而丰富的色彩则来自灌木及花卉，通过乔、灌、花、草的合理搭配，才能组成平面上成丛成群，立面上层次丰富的一个个季相多变、色彩绚丽的黄土不露天的植物栽培群落。

乔木以庞大的树冠形成群落的上层，但下部依然空旷，不能最大限度利用冠下空间，叶面积系数也就计算乔木这一层，当乔、灌、草结合形成复层混交群落，叶面积系数极大地增加，此时，释放氧气、吸收二氧化碳、降温、增湿、滞尘、减菌、防风等生态效益就能更大地发挥。因此从植物景观的完美，从生态效益的发挥等方面考虑，都需要乔木、灌木、花卉、草坪、地被、攀缘植物的综合应用，仅仅是它们的作

用有所不同。

至于乔、灌、草的比例，这是一个复杂的有待探讨的问题，一般认为乔灌比例以1：1或1：2较为适宜，即一份乔木数量配以 1～2份灌木数量，而草坪的面积不能超过总栽种面积的20%。

## 7.1.2 功能性原则

每个城市按其历史文化、工业生产、风景资源等条件而具有不同性质，有的是历史文化古城，有的是工业城市，有的是风景旅游城等。城市性质不同，则选择植物种类也不尽相同。例如，历史文化古城应多选择原产中国的珍贵长寿树种，体现悠久的历史、历史的沧桑；工业城市，尤其有污染源的工业城市，则必须选择抗性植物，以确保植物的生长发育；风景旅游城市则选择观赏价值高的各类植物，以显示美丽的风景吸引国内外游人。

城市中的各类园林绿地都具有城市绿地的共性，由于其功能不同，各具自己的特点，因此在植物材料的选择时，不仅选择城市的基调植物，更要选择体现个性特点的植物材料。例如，街头绿地，尤其行道树，其主要功能在于改善行人、车辆的出行环境，并美化街景，由于位置紧靠街道，其生态环境比其他绿地差得多，因此要选择冠大荫浓、主干挺直、抗性强(烟尘、污染、土质、病虫害等)、耐修剪、耐移植、无毒、无刺的慢生树种为好。居住区绿地是居民最接近和经常利用的绿地，对老年人、儿童及在家中工作的人尤为重要。绿地为居民创造了富有生活情趣的生活环境，是居住环境质量好坏的重要标志。要求植物材料从姿态、色彩、香气、神韵等观赏特性上有上乘表现，每个居住区在植物材料上都应有自己的特色，即选择1～3种植物作为基调，大量栽植就能形成这个居住区的植物基调。随着城市老龄化进程加剧，居民中老年人的比例逐年加大，在植物材料选择上应体现老年人的喜好，活动区中选一些色彩淡雅、冠大荫浓的乔木组成疏林以供老年人休息、聊天。儿童活动区除有大树遮荫外，还需有草坪，灌木、花卉的色彩可以鲜艳些，尤以观花、观果的植物更为适宜，切忌栽植带刺或有飞毛、有毒、有异味的植物。底层庭园植物的选择要富于生活气息，应以灌木、花卉、地被为主，少种乔木；色彩力求丰富，选择一些芳香类植物可使庭园更具生气；栽植既美观又便于管理又有经济价值的种类，使居民更接近生活，更具人情味；适当种植刺篱以达安全防范之目的。

## 7.1.3 美学性原则

### 1. 符合园林美学特征

园林植物的配置必须符合美学规则，给人以美感。其相关的基础美学原则这里不一一阐述，从应用的角度来说要注意以下两个方面。

1) 平面布局合理，疏朗有致，单群结合

自然界植物并不都是群生的，也有孤生的，园林植物配置就有孤植、列植、片植、群植、混植多种方式，这样不仅欣赏到孤植树的风姿，也可欣赏到群植树的华美。

2) 立面构图上注重层次

分层配置、色彩搭配是拼花艺术的重要方式。不同的叶色、花色，不同高度的植物搭配，使色彩和层次更加丰富。如1m高的黄杨球、3m高的红叶李、5m高的桧柏和10m高的枫树进行配置，由低到高，四层排列，构成绿、红、黄等多层树丛。不同花期的种类分层配置，可使观赏期延长。

### 2. 注重园林植物观赏特性

1) 注意不同园林植物形态

园林植物姿态各异。不同姿态的树种给人以不同的感觉：高耸入云或波涛起伏，平和悠然或苍虫飞舞……与不同地形、建筑、溪石相配植，则景色万千。树木之所以形成不同姿态，与植物本身的分枝习性及年龄有关。由枝条自身所构成的轮廓图案(由落叶树木的生长习性而形成的不同形态，在冬季表现出的形象)，也是设计中所要考虑的一个因素。有些植物的枝条呈水平伸展，形成引人注意的水平线型图案，如多花梾木。而像美国白蜡、欧洲鹅耳枥这类植物，则具有清晰的垂直型图案，特别是沼生栎更为突出。其他植物如海棠类和加拿大紫荆，当其老化和风蚀后，则具有扭曲的枝条形态。如果将该类植物配植在深色的常绿植物或其他中性物体的背景之前，会使该植物光秃的枝条和形象更为生动突出。落叶植物的另一特性，就是当凋零的稀疏枝干投影在路面或墙上时，可以造成迷人的景象。特别是在冬季，对单调乏味的铺地或是一面空墙，疏影映照有助于消除单调。

园林植物应根据地形地貌不同进行配置，而且相互之间不能造成视角上的抵触，也不能与其他园林建筑及园林小品在视角上相抵触。

2) 园林植物色相和季相的变化

不同的色彩给人不同的感受，鲜艳的色彩给人以轻快、欢乐的感受，而深暗的色彩则给人异常郁闷的气氛。可见色彩能直接影响着空间的气氛和情感。在园林景观中植物的色彩是多样的，也是多变的，这种多样性和变化性通常在相当远的地方都能被人们注意到，因此它也是景观设计的重要因素。在植物造景中，色彩应起到突出植物的尺度和形态的作用，但也应与其他观赏特性相协调。

植物色相是指植物呈现出色彩的多样性，是通过植物的各个部分而呈现出来，如树叶、花朵、果实、大小枝条以及树皮等。例如树叶的主要色彩呈绿色，其间也伴随着深浅的变化，以及黄、红和古铜色的色素。

植物季相是指植物色彩的变化性，是指园林植物随着季节的变化而时刻变换着外貌和色彩。园林植物从开花到结果，从展叶到落叶，随着时间的发展而不断变化，从色彩、光泽和体形都随着时间而不断变化，正是这种变化，在保证基本空间功能的基础上，赋予空间以更多的色彩和体验；才能避免单调、造作和雷同，形成春季繁花似锦，夏季绿树成荫，秋季叶色多变，冬季银装素裹，景观各异，近似自然风光，使游人感到大自然的生及其变化，有一种身临其境的感觉。

**特别提示**

常见不同季节开花植物：

1) 春季开花植物

①白色系列。广玉兰、白玉兰、二乔玉兰、樱花、山茶、梨。

②黄色系列。迎春、云南黄馨、连翘、结香。

③红色系列。海棠、桃、紫荆、日本晚樱、贴梗海棠、杏、山茶、月季。

2) 夏秋季开花植物

荷花、紫薇、月季、紫藤、木槿、合欢、伞房决明、木芙蓉、国槐、桂花、凤尾丝兰、凌霄、月季、石榴、夹竹桃、萱草、美人蕉。

3) 冬季开花植物

梅花、蜡梅、山茶、茶梅。

植物作为园林空间构图中的主题，由于季相变化，也就引起园林空间面貌的季相变化。对于这种季相的变化，是与园林的功能要求以及艺术节奏相结合的，从而做出多样统一的安排，这就是季相构图。季相变化不仅仅考虑植物的荣枯，还要考虑其叶色、花期、果期、展叶期、落叶期等多方面的生物学特性，从而合理安排植物在所需营造空间中的季相特征。在季相变化的构图中，不论是大型的风景区，还是小型的花园，从大型密林疏林到小型花坛花境的植物搭配，都要做到不能偏荣偏枯，一年四季要做到有序曲、有高潮、有结尾。每一个园林空间，每一种种植类型，在季相布局上，应该各有特色、各有不同的高潮。有的可以以春花为高潮(如牡丹、樱花、梅花等主题景区)，也可以以秋实为高潮(如石榴、柿树等)。

### 3. 要充分考虑植物材料本身所具有的文化内涵，满足园林设计的立意要求

中国园林讲究立意，这与我国许多绘画的理论相通。艺术创作之前需要有整体思

维，园林及其意境的创作也同样如此，必须全局在握，成竹在胸。晋代顾恺之在《论画》中说："巧密于精思，神仪在心"，唐代王维在《山水论》中说过："凡画山水，意在笔先。"即绘画、造园首先要认真考虑立意和整体布局，做到动笔之前，胸有成竹。由此可见立意的重要性，立意决定了设计中方方面面的构思。不先立意谈不上园林创作，立意不是凭空乱想，随心所欲，而是根据审美趣味、自然条件、功能要求等进行构思，并通过对园林功能空间的合理组织以及所在环境的利用，叠山理水，经营建筑绿化，依山而得山林之意境，临水而得观水之意境，意因景而存，景因意而活，景意相生相辅，形成一个美好的园林艺术形象。意境是由主观感情和客观环境相结合而产生的，设计者把情寓于景，游人通过物质实体的景，触景生情，从而使得情景交融。但由于不同的社会经历、文化背景和艺术修养，往往对同一景物会有不同的感想，比如面对一株梅花，会有"万花敢向雪中开，一枝独先天下春"对品格的称赞，也会有"疏影横斜水清浅，暗香浮动月黄昏"对隐逸的表达。同样在另一些人眼里，只不过是花的一种而已。

**特别提示**

引例(2)在中国的传统文化中有"前不栽柳，后不植桑"的说法，庭前种柳，寓意不吉利，所以该设计遭到该区居民集体上诉，坚决反对使用柳树。

园林种植设计是园林的重要组成部分，围绕并服务于整个园林设计的立意和主题。种植设计的各种手段，从植物种类的选择、色彩的考虑、植物配置方式的运用及后期的养护管理，都服务于这一主题的实现。为此，在整体意境创造的过程中，要充分考虑植物材料本身所具有的文化内涵，从而选择适当的材料来表现设计的主题和满足设计所需要的环境氛围。

**特别提示**

(1) 常见植物的文化含义。

松——刚强高洁　　梅——坚挺孤高　　竹——刚直清高　　菊——傲雪凌霜
兰——超凡绝俗　　荷——清白无染　　紫罗兰——忠实永恒　　百合花——纯洁
牡丹花——富贵　　杏花——幸福　　竹子——君子　　石榴——多子

(2) 植物造景中文化与生理生态的协调。

①学校文化树。槐树、皂荚、柿树、桃树、李树、芭蕉。

②医院树种。合欢(又名"普天乐")、栾树(无患子科)、紫荆(又名"团结树"有"母不离子，子不离母"的象征)。

③陵墓。柏树、银杏(象征"子子孙孙，绵延不断"的公孙树)、桑树和梓树(故乡的代名词"桑，梓")。

④佛教圣地。悬铃木(净土树)、莲花、菩提树。

⑤道教圣地。青檀(无忧树)，取"寡欲无忧无虑"之意。

## 7.1.4 经济性原则

### 1. 通过合理地选择树种来降低成本

1) 节约并合理使用名贵树种

在植物配置中应该摒弃名贵树种的概念，园林植物配置中的植物不应该有普通和名贵之分，以最能体现设计目的为出发点来选用树种。所谓的名贵树种也许具有其他树种所不具有的特色，如白皮松，树干白色(越老越白)，而其幼年生长缓慢，所以价格也较高。但这个树种的使用只有通过与大量的其他树种进行合理搭配，才能体现出该树种的特别之处。如果园林中过多地使用名贵树种，不仅增加了造价，造成浪费，而且使得珍贵树种也显得平淡无奇了。其实，很多常见的树种如桑、朴、槐、楝、悬铃木等，只要安排管理得好，可以构成很美的景色。如杭州花港公园牡丹亭的10多株悬铃木丛植，具有相当好的景观效果。当然，在重要风景点或建筑物迎面处等重点部位，为了体现建筑的重要或突出，可将名贵树种酌量搭配，重点使用。

2) 以乡土植物为主进行植物配置

各地都具有适合本地环境的乡土植物，其适应本地风土能力最强，而且种源和苗木易得，以其为主的配植可突出本地园林的地方风格，既可以降低成本又可以减少种植后的养护管理费用。当然，外地的优良树种在经过引种驯化成功后，已经很好地适应本地环境，也可与乡土植物配合应用。

3) 合理选用苗木规格

用小苗可获得良好效果时，就不用或少用大苗。对于栽培要求管理粗放、生长迅速而又大量栽植的树种，考虑到小苗成本低，应该较多应用。但重点与精细布置之地方另当别论。另外，当前种植中往往使用大量的色块，需考虑到植物日后的生长状况，开始时不要过密栽植，采用合理的栽植密度，可合理地降低造价。

4) 适地适树，审慎安排植物的种间关系

从栽植环境的立地条件来选择适宜的植物，避免因环境不适宜而造成的植物死亡，合理安排种植顺序，避免无计划的返工，同时合理进行植物间的配置，避免几年后计划之外的大调整。至于计划之内的调整，如分批间伐“填充树种”等，则是符合经济原则的必要措施。

### 2. 在植物配置中结合生产

园林植物具有多种功能，如环境功能、生产功能以及美学功能，进行园林种植设计时，在实现设计需要的功能前提下，即达到美学和功能空间要求的前提下，可适当种植具有生产功能和净化防护功能的植物材料。

结合生产之道甚多，在不妨碍植物主要功能的情况下，要注意经济实效。如可配植花、果繁多，易采收、供药用而价值较高者。如凌霄、广玉兰之花及七叶树与紫藤种子等；栽培粗放、开花繁多、易于采收、用途广、价值高者，如桂花、玫瑰等；栽培简易、结果多、出油高者，如南方的油茶、油棕、油桐等，北方的核桃(尤其是新疆核桃)、扁桃、花椒、山杏、毛楝等；在非重点区域或隙地、荒地可配植适应性强、用途广泛的经济树种，如河边种杞柳，湖岸道旁种紫穗槐，沙地种沙棘，碱地种柽柳等；选用适应性强，可以粗放栽培，结实多而病虫害少的果树，如南方的荔枝、龙眼、橄榄等，北方的枣、柿、山楂等，可以很好地把观赏性与经济产出结合起来，园林的目标之一就是在保证主要功能的前提下，园林结合生产。在实现美化环境的同时，发挥园林植物自身的各种生产功能，搞各种“果树上街、进园、进小区”，如深圳的荔枝公园，以一片荔枝林为主体植物；用芒果、扁桃做行道树；小区绿化用菠萝蜜、洋蒲桃、龙眼等，既搞好了绿化，又有水果的生产(当然只是小规模的)，像南宁的街道上种植芒果、人心果、橄榄等既具有观赏效果又有经济产出功能的树种，达到了园林与生产良好的结合。其他诸如玫瑰园、芍药园、草药园都可以带来一定的经济收益。

还可以合理利用速生树种，以其作为种植施工时的填充树，先行实现绿化效果，以后分批逐渐移出。如南方的楝树、女贞，北方的杨树、柳树，将树木适当密植，以后按计划分批移栽出若干大苗。同时，在小气候和土壤条件改善后再按计划分批栽入较名贵的树种等，这些也是结合生产的一种途径。

当今日益重视环境，人为环境也是一种生产力，良好的环境也是一种重要的经济贡献。而且植物所具有的改善环境的功能，也有很多人对其进行了经济上的核算，不管其具体结果如何，可以肯定的是通过植物的吸收和吸附作用，其改善环境的作用能减少采用其他人工方法改善环境的巨大投入，因此，在保证种植设计美学效果和艺术性要求的前提下，合理选择针对主要环境问题具有较好改善效果的植物，如厂区绿化中多采用对污染物具有净化吸收作用的树种，其实就是一种经济的产出，这也应该是经济原则的体现。

除此以外，在进行园林种植设计的过程中还要综合考虑其他因素。要考虑保留现场，尽力保护现状古树、大树。改造绿地原地貌上的植物材料应大力保留，尤其是观赏价值高、长势好的古树、大树。古树、大树一方面已经成材，可以有效地改善周边小环境；另一方面其本身就是设计地历史的缩影，很好地体现了历史的延续性。因此要尽力保护好场地内现有的古树、大树。同时保留现场的树木可以减少外购树木数量，也是经济性的重要体现。

## 7.2 园林植物造景的形式

### 7.2.1 孤植

孤植是指单株树木栽植的配置方式，如图7.5所示，又称孤立树或孤植树。孤植树是园林种植构图中的主景，主要表现树木的个体美。在园林构图中有两种目的：第一类是庇荫与观赏结合起来的孤植树；第二类是单纯为构图艺术需要的孤植树。

孤植应用的树种应具备下列条件：①体形特别巨大者；体形轮廓富于变化、姿态优美、树枝具有丰富的线条美者；②开花繁茂、色彩艳丽者；③具有浓烈芳香的树木。

### 7.2.2 对植

对植是指用两株树木在一定轴线关系下相对应的配置方式，如图7.6所示。对植作为园林空间的构图上的配景，主要用于强调公园入口、建筑入口、道路起始点、广场入口等，用于引导游人视线。同时也用于庇荫、休息，在空间构图上作为配景应用。通常多用常绿树如：脍柏、龙柏、云杉、海桐、桂花、柳杉、罗汉松、广玉兰等。

### 7.2.3 丛植

丛植是指由3株到10多株乔木或乔灌木组合种植而成的种植形式，如图7.7～图7.9所示。又称作树丛，是种植构图上的主景，是组成园林空间构图的骨架，反映植物的群体美。其单株树木的选择条件与孤植树相似，必须是在庇荫、树姿、色彩、开花或芳香等方面有特殊价值的植物。

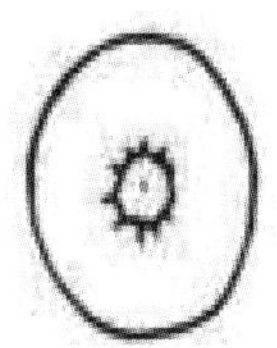

图7.5 孤植

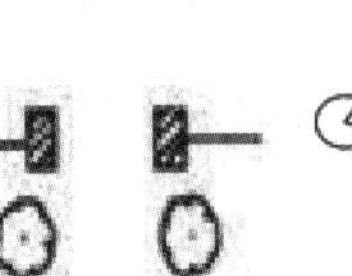

图7.6 对植

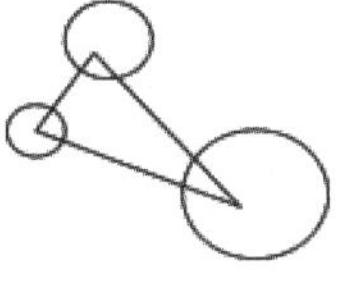

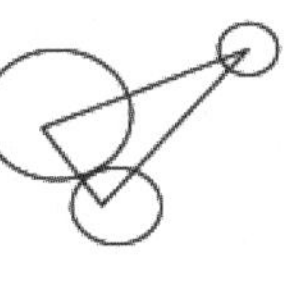

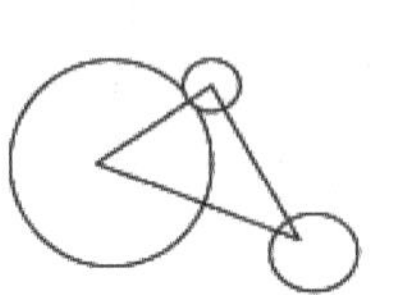

图7.7 三株丛植

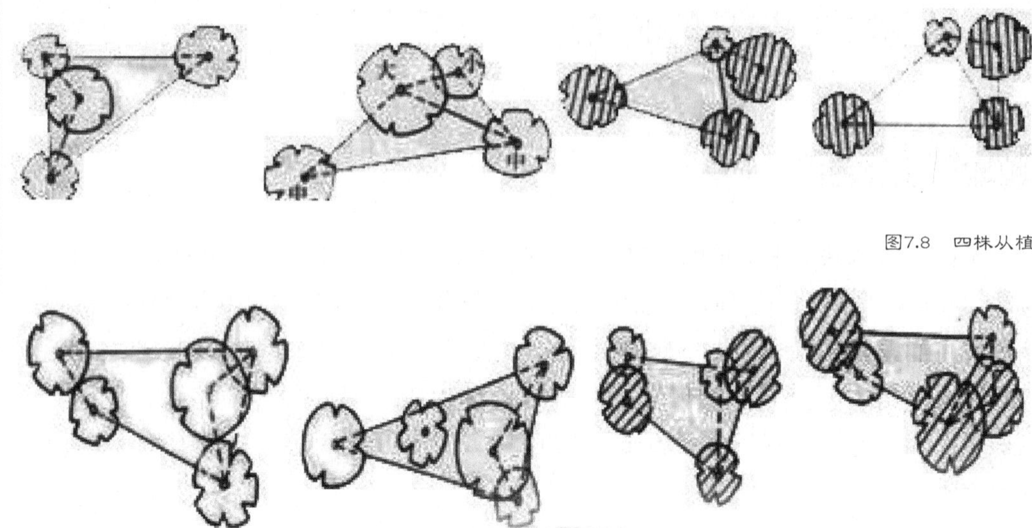


图7.8　四株丛植

图7.9　五株丛植

树丛可以分为单纯树丛及混交树丛两类。荫蔽的树丛最好采用单纯树丛形式，一般选用高大乔木为宜。而作构图艺术主景、导向、配景用的树丛，多采用乔灌木混交树丛。

树丛作主景时，可以配置在大草坪中央、水边、河湾或土丘土岗上构成主景或焦点，也可作为透景框的画景或布置在岛屿上作为水景的焦点，常选用针阔叶混植形式。

## 7.2.4　群植

由多株树木成丛、成群的配植方式，又称作树群。组成树群的单株树木数量一般在20～30株以上。树群应该布置在有足够距离的开朗场地上，一般规模不可过大，长度不大于60m，长宽比不大于3∶1，树种不宜过多。在树木的组合上，要充分考虑植物群落组合时群体的生态和生理要求。树群在构图上要求四面要空旷，不宜采取郁闭的方式。树群组合的基本原则，从高度来讲乔木层应该分布在中央，亚乔木层在外缘，大灌木、小灌木在更外缘；树群内植物的栽植距离要各不相等，有疏密变化，任何三株树不在一直线上，切忌成行、成排、成带栽植，常绿、落叶、观叶、观花的树木其混交的组合不可用带状、片状、块状混交，应用复层混交及小块状混交与点状混交相结合的方式。

如有这样的一个群落，由毛白杨、白皮松、元宝枫、榆叶梅为主组成一个稳定而美丽的树群。其中以白皮松为背景，以毛白杨为骨架，用元宝枫以便观赏其秋季的红叶，用榆叶梅以便观赏娇艳的春花。整个树群所用主要树种，原则上均以不超过5种为妥，这样才可以做到相对稳定，重点突出。如元宝枫，树稍耐阴，又系小乔木，主要为观红叶用，均可三、五株掩映于两种大乔木之下方偏前处。榆叶梅喜光、耐旱，但需要排水良好，可在最前方成丛地与元宝枫呈较大块状的混交，以便突出艳红娇丽的春景。

## 7.2.5 列植

沿直线或曲线以等距离或按一定的变化规律而进行的植物种植方式，又称行列式栽植，如图7.10所示。列植形成的园林景观比较整齐，常作为道路、广场、建筑及上下管线较多的地区作基础性栽植。树种要求株型、冠型整齐一致。树木株行距视具体树种而定，以可保证树木正常生长为宜。

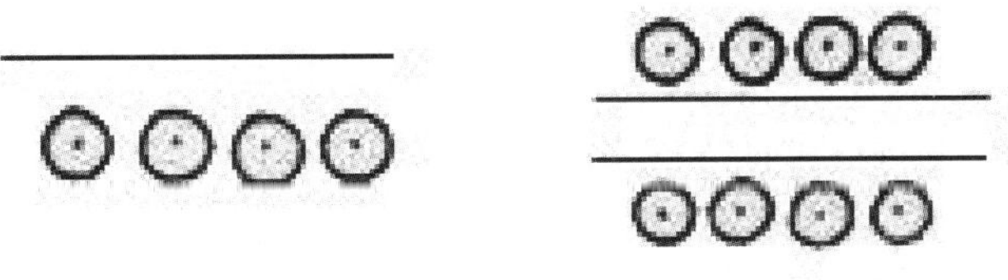

(a) 单行列植　　(b) 双行列植　　图7.10　列植

## 7.2.6 林植

林植也称树林，是指大量成片集中种植乔灌木，形成具有森林景观特征的种植形式。在园林应用中，通常把林植形成的树林分为密林(郁闭度0.7～1) 和疏林(郁闭度0.4～0.7)两类。依树种构成又分为纯林和混交林。

**知识链接**

郁闭度

指森林中乔木树冠遮蔽地面的程度，它是反映林分密度的指标。它是以林地树冠垂直投影面积与林地面积之比，以十分数表示，完全覆盖地面为1。简单的说，郁闭度就是指林冠覆盖面积与地表面积的比例。

根据联合国粮农组织规定，0.70(含0.70)以上的郁闭林为密林，0.20～0.69为中度郁闭，0.20(不含0.20)以下为疏林。

密林一般分布于城市外围，多作为生态防护林，布有路网，栽植密度较大，可由多个树种组成。除主栽乔木外，还可配置较耐阴的灌木或地被植物(野生地被)，形成复层种植结构。一般不作游赏绿地，主要功能是生态防护。树种以乡土植物为主，速生与慢生相结合，可配置一定比例的果树、药材等经济植物。

疏林常作为公园一个景区，多与草坪相结合，具有坡地起伏地形，形成树林草地景观，可赏可憩。树种一般选择具有较高观赏价值的树种，树姿优美、冠大叶茂，以落叶乔木为主，配置有色叶树种。

### 7.2.7 篱植

篱植也称树篱，是指由灌木或小乔木密植后形成的篱式结构。树篱除防范围护作用外，还具有分割空间、屏障视线、遮挡美化，作为花坛、花境、雕塑小品的背景，以及建筑基础栽植等功能。根据绿篱高度可分为矮篱(高50cm以下)、中篱(高50～120cm)、高篱(高120～160cm)、树墙(高160cm以上)。

篱植的种植密度，依其功能、所选树种、苗木的规格和种植地带的宽度而定。矮篱、一般绿篱，株距为30～50cm，行距为40～60cm；双行式绿篱成三角交叉排列。绿墙的株距可采用100～150cm，行距150～200cm。绿篱的起点和终点应作尽端处理，从侧面看，较厚实、美观。

## 7.3 园林植物造景的案例

### 7.3.1 案例一拙政园大门口植物配置

拙政园大门口如图7.11所示，采用传统松、荷花和假山配置，体现造园者的心态，并利用凌霄的一点红色透出，引起游人兴趣。

图7.11 拙政园大门口植物配置

## 7.3.2 案例二Medtronic公司专利花园

Medtronic Corporation Patent Garclen .公司获得2003年美国景观设计师协会优秀奖。这个设计虽然只有一棵树及草坪，但表达出设计者对植物的重视，植物成为视线的焦点和构图的中心，枫树的鲜艳叶色，给人以深刻的印象，如图7.12所示。通过简单设计元素和材料，庭院成为了禅宗象庭院空间。该设计空间本身是碎石铺就的正四方形，宽0.48m。四方形的中央是一个直径为21.3m的圆形草坪，草坪由耐候钢墙围绕起来。象征主义固有在摆正之内圈子行动意欲和解天堂般和无限与尘世和人造，并且为沉思空间提供背景。也向其员工展示了一种以谦卑来庆祝所取得成就的态度。秋季，一棵红枫成为该空间的焦点，春夏季节，绿色的遮阴树木为花园提供了阴凉的去处。

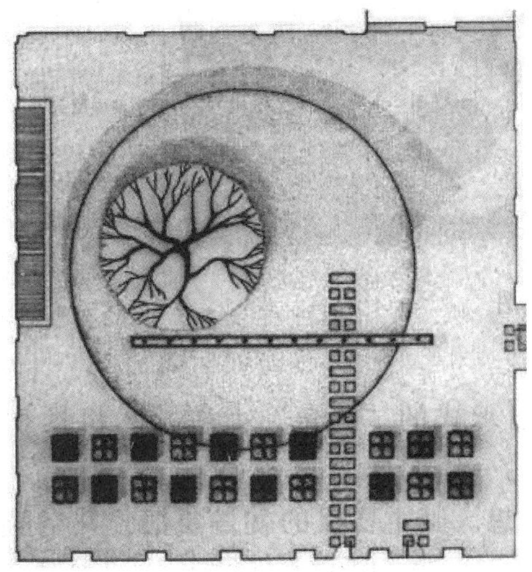

图7.12 Medtronic公司专利花园

## 7.3.3 案例三北京科技示范楼的屋顶绿化

科技部节能示范楼屋顶花园是北京市园林科学研究所设计并施工，总面积1320m$^2$，绿化面积约843m$^2$，花园主要供甲方内部使用，满足小型聚会、游憩、赏景的需要。设计充分利用8层集中绿地进行园林造景，满足各项功能需要，在4层露台位置则尽可能增加绿色空间，提高生态效益。如图7.14所示是该屋顶绿化的总平面图，如图7.13所示是绿化种植设计图。

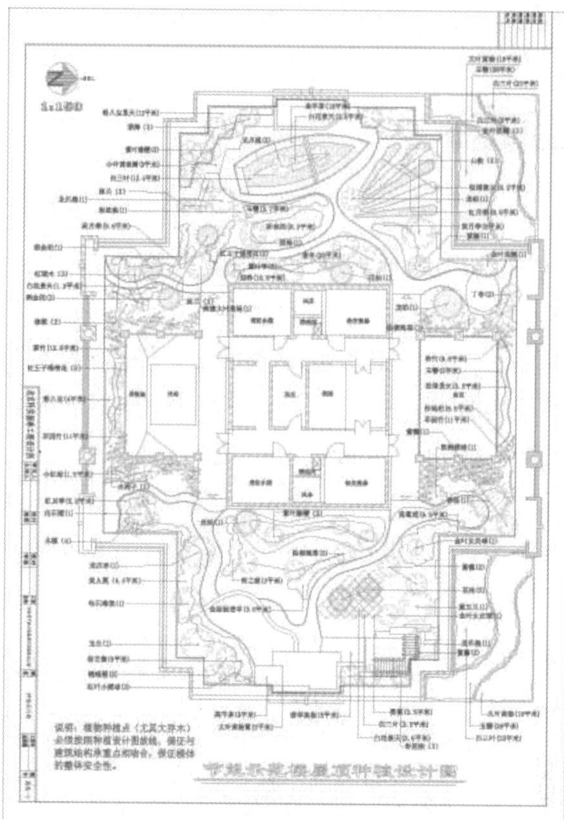

图7.13　科技部节能示范楼屋顶绿化种植设计图

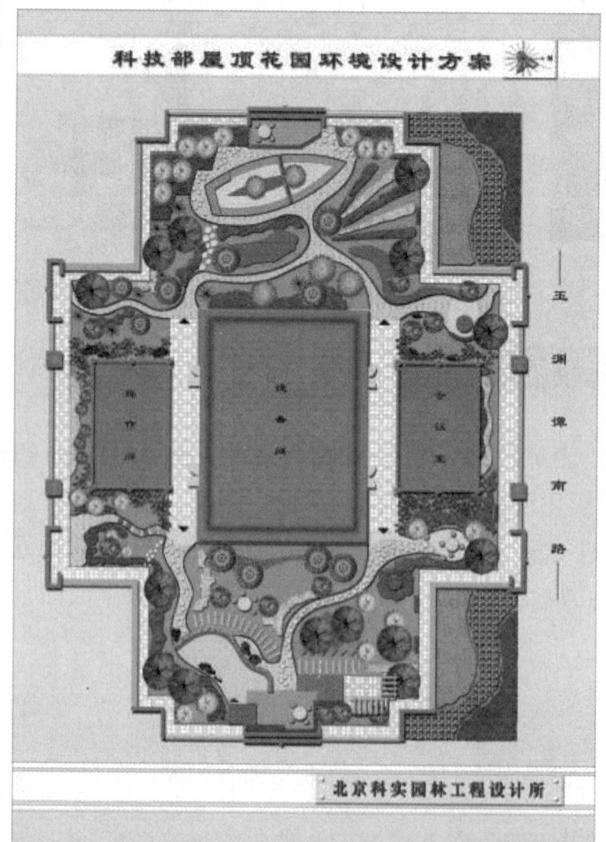


图7.14　科技部节能示范楼屋顶绿化总平面图

植物的选择主要考虑以植物造景为主，重视城市生物多样性的恢复和植物共生性原则，植物选择种类其生长特性和观赏价值相对稳定。植被由适应浅基质栽植的，生长缓慢的小乔木、灌木和地被植物和宿根花卉、藤本植物等园林植物组成，减少植物根系对建筑防水层的影响，避免植物逐年加大的活荷载影响建筑结构。其绿化植物种类见表7-1。

表7-1 科技楼屋顶绿化植物种类

| 编号 | 植物名称 | 规格 | 数量/株 | 面积/m² |
| --- | --- | --- | --- | --- |
| 1 | 白皮松 | 高2～3m | 1 | |
| 2 | 圆柏 | 高1.5m | 1 | |
| 3 | 油松 | 高2.5m | 1 | |
| 4 | 龙柏 | 高2.0m | 3 | |
| 5 | 花柏 | 高1.5m | 3 | |
| 6 | 洒金柏 | 高1.5m | 1 | |
| 7 | 砂地柏 | 三年生 | | 15 |
| 8 | 丝兰 | 三年生 | 5 | |
| 9 | 早园竹 | 三年生 | | 22 |
| 10 | 箬竹 | 三年生 | | 21.6 |
| 11 | 常春藤 | 三年生 | | 1.5 |
| 12 | 玉兰 | 干径3cm | 1 | |
| 13 | 紫玉兰 | 干径3cm | 1 | |
| 14 | 金丝垂柳 | 干径5cm | 2 | |
| 15 | 紫叶李 | 干径3cm | 4 | |
| 16 | 绣线菊 | 高1.2m | 2 | |
| 17 | 龙爪枣 | 干径3～3.5cm | 1 | |
| 18 | 龙爪槐 | 高2.5m | 3 | |
| 19 | 蜡梅 | 高1.2～1.5m | 4 | |
| 20 | 钻石海棠 | 高2.5m | 1 | |
| 21 | 贴梗海棠 | 高0.8～1.0m | 2 | |
| 22 | 寿星桃 | 高1.2～1.5m | 4 | |
| 23 | 欧洲绣球 | 高1.2～1.5m | 1 | |
| 24 | 棣棠 | 高1.2～1.5m | 2 | |
| 25 | 红瑞木 | 高1.0～1.2m | 3 | |
| 26 | 紫薇 | 高1.5m | 2 | |
| 27 | 丁香 | 高1.5m | 2 | |
| 28 | 木槿 | 高1.5m | 4 | |
| 29 | 花石榴 | 高1.5m | 1 | |
| 30 | 迎春 | 高1.0～1.2m | 3 | |
| 31 | 红王子锦带 | 高1.0～1.2m | 5 | |
| 32 | 锦带花 | 高1.0～1.2m | 2 | |
| 33 | 紫叶矮樱 | 高1.0～1.2m | 6 | |
| 34 | 红叶小檗球 | 三年生 | 3 | |
| 35 | 金叶女贞球 | 三年生 | 2 | |
| 36 | 高接黄杨 | 高2.0m | 1 | |
| 37 | 小叶黄杨篱 | 剪后高0.4m | | 9 |
| 38 | 大叶黄杨篱 | 剪后高0.4m | | 39 |
| 39 | 紫荆 | 高1.5m | 1 | |

| 编号 | 植物名称 | 规格 | 数量/株 | 面积/$m^2$ |
|---|---|---|---|---|
| 40 | 迎春 | 三年生 | | 10.5 |
| 41 | 黄月季 | 三年生 | | 8.2 |
| 42 | 红月季 | 三年生 | | 8.6 |
| 43 | 美人梅 | 高1.2m | 3 | |
| 44 | 美人蕉 | 三年生 | | 6.5 |
| 45 | 大花萱草 | 三年生 | | 3.6 |
| 46 | 金娃娃萱草 | 三年生 | | |
| 47 | 花叶玉簪 | 三年生 | | 60 |
| 48 | 白花景天 | 三年生 | | 18.5 |
| 49 | 粉八宝景天 | 三年生 | | 16 |
| 50 | 黄花景天 | 三年生 | | 1.2 |
| 51 | 荷兰菊 | 三年生 | | 4.8 |
| 52 | 紫藤 | 三年生 | | 0.6 |
| 53 | 蔓生毛茛 | 三年生 | | 4.5 |
| 54 | 常夏石竹 | 三年生 | | 7 |
| 55 | 小红菊 | 三年生 | | 1.5 |
| 56 | 黄鸢尾 | 三年生 | | 3.5 |
| 57 | 紫鸢尾 | 三年生 | | 2 |
| 58 | 麦冬 | 三年生 | | 20 |
| 59 | 冷季草 | | | 176 |
| 60 | 佛甲草 | | | 57.5 |
| 61 | 费菜 | | | 2.5 |

该屋顶绿化造景中，强调植物种类多样性原则，注重植物种类的多样性和丰富性，建造自然亲和的屋顶花园，崇尚自然纯朴的绿化风格，建立自然群落式植被种植形式。利用大量应用低矮、耐旱地被植物构建群落的下层，为屋顶花园的低成本维护奠定基础。同时采用多种植物的搭配，常绿树：落叶树=1：5.2；乔木：灌木=1：3.1；外来引种植物：地带性乡土植物=1：4.9，形成园林美好景观。以下为水景处绿化如图7.15所示、观景平台如图7.16所示、局部景观如图7.17所示效果图。

图7.15 屋顶绿化实景——水景处绿化

图7.16　屋顶绿化实景——观景平台

图7.17　屋顶绿化实景——局部景观

## 7.3.4　案例四奥林匹克中心公园

奥林匹克公园景观绿化工程包括中轴景观大道、休闲花园、龙形水系以及东岸自然花园、四环衔接绿化带等，其中以中轴景观大道、休闲花园、龙形水系为主题。所有的景观均以植物造景为主题，将中国传统的园林景观置于现代化的建筑背景下，为参观奥运中心的人们提供舒适、优雅的休憩环境。奥林匹克公园中心区与占地680$hm^2$的森林公园一起构成了亚洲最大的城市绿化景观，是首都人民休闲娱乐的理想圣地，如图7.18所示。

图7.18　奥林匹克中心公园

设计理念：植物景观服从景观规划理念，种植设计特色要在理念的指导下完成。在奥林匹克公园的深化方案中，总体规划师提出“通向自然的轴线”这一理念，北京城市中轴穿过严密对称的紫禁城，越过现代化的城区、场馆区，消失在奥林匹克森林公园，如图7.18所示。奥林匹克公园中心区正是处在从现代化场馆区向森林公园的过渡带。植物的配置从简单到复杂(图7.19)，中心南端采用单一树阵形式。向北依次过渡到多品种树阵组合，多品种树阵下层增加简单地被，多品种树阵下层丰富层次地被，最北端则是以种植为主景的休闲花园，在这里与森林公园浓郁的植物氛围相衔接，如图7.20所示。植物层次的逐渐增加伴随着植物品种的逐渐增多。靠近场馆的地方，景观要求高度的整齐性与秩序性，因此选择植物品种有限定性。地被材料以在北京长势及规模都具优势的品种为主，如小叶黄杨、金叶女贞；向北逐渐增加金叶莸、大叶黄杨、棣棠、粉花酢浆草、鸢尾等观花地被植物。具体植物配置如图7.21所示。

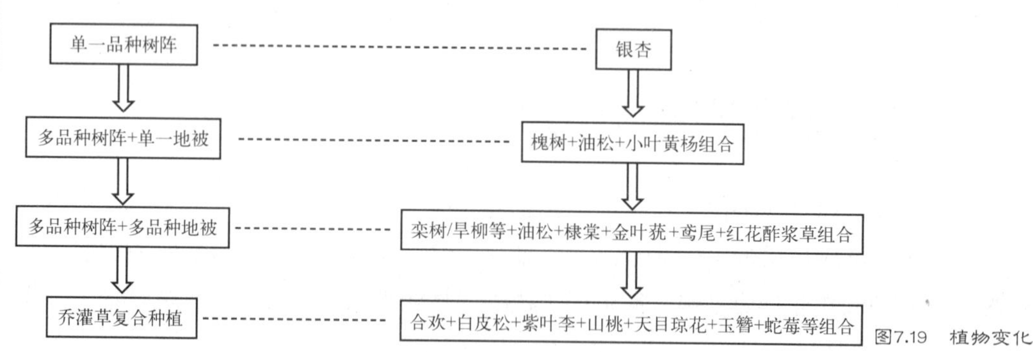


图7.19　植物变化

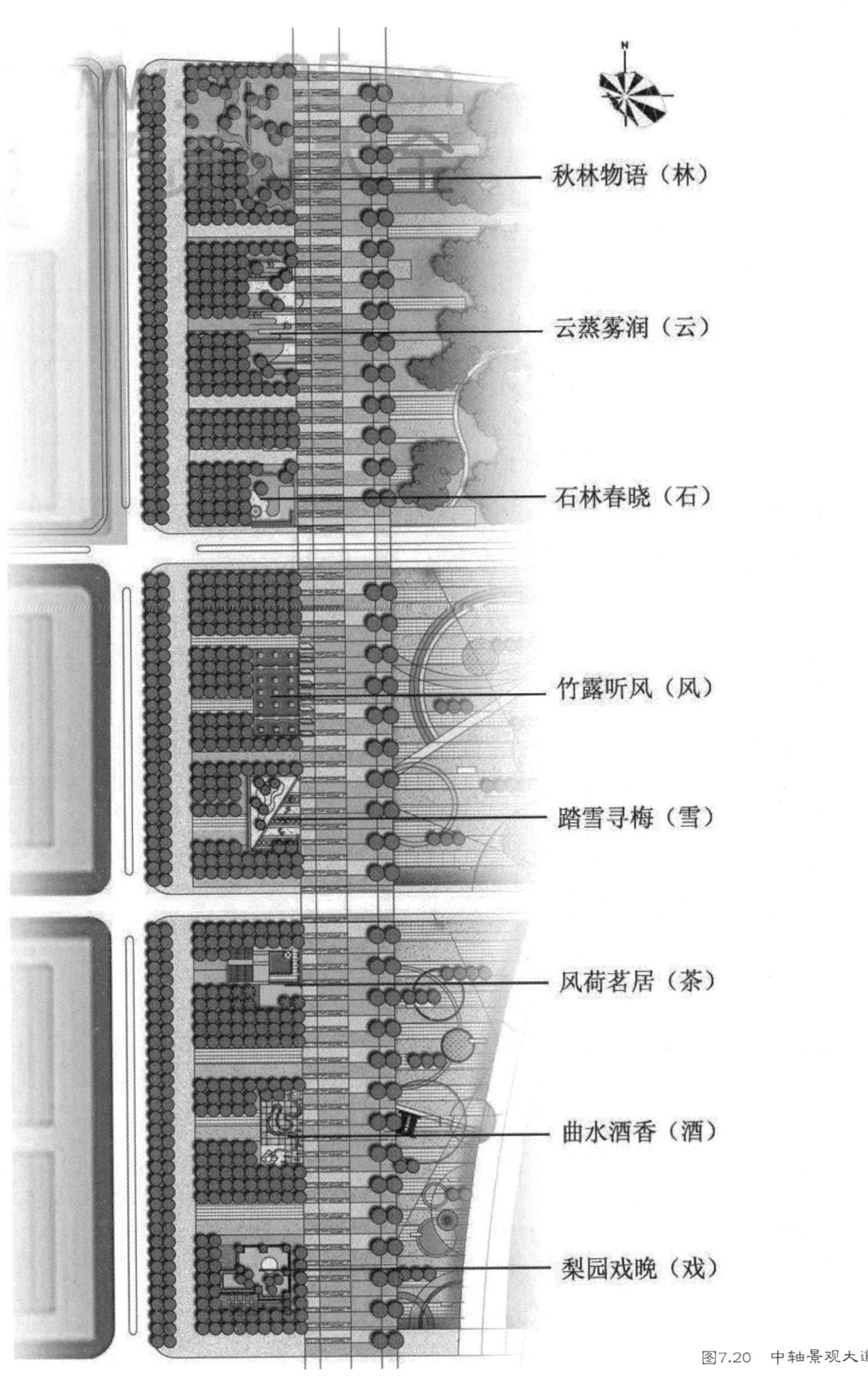
秋林物语（林）
云蒸雾润（云）
石林春晓（石）
竹露听风（风）
踏雪寻梅（雪）
风荷茗居（茶）
曲水酒香（酒）
梨园戏晚（戏）

图7.20　中轴景观大道

小叶白蜡
千头椿
小叶白蜡
元宝枫
小叶白蜡
油松
千头椿
油松
碧桃
油松
油松
西府海棠
西府海棠
西府海棠
西府海棠
千头椿
早园竹
白皮松
千头椿
白皮松
紫薇
栾树
紫薇
千头椿
栾树
紫薇
栾树
国槐
现代春色景观
金枝垂柳
银杏 元宝枫
小叶白蜡 油松
桧柏
红碧桃 紫叶李
金叶女贞
月季 野牛草
水生植物
秋季景观
金枝垂柳 国槐
合欢 油松 白皮松
紫薇 玉兰 丁香
月季 金叶女贞
锦带花
野牛草 水生植物
夏季景观
金枝垂柳
合欢 华山松
玉兰 碧桃
大叶黄杨
沙地柏
野牛草
水生植物
冬季早春景观
金枝垂柳
小叶白蜡
油松
白皮松
传统春色景观
小叶白蜡
元宝枫
千头椿
栾树
国槐
碧桃
白皮松
油松
西府海棠
紫薇

图7.21　植物配置图

中轴景观大道：广场区人流量大，交通安全因素是最为重要的。因此，种植形式选择了简洁的树阵结合规整的绿篱。种植形式简单明了，树种的选择就成为突出特色的关键。在鸟巢和水立方中间的大规模庆典广场，选用了银杏这种中国特有的树种，突现了中国特色。向北依次为槐树、旱柳、小叶白蜡、栾树、元宝枫。树种的排列顺序经过深思熟虑，早春展叶开花的银杏、旱柳、元宝枫交替出现。夏季观花观果的槐树、栾树交替出现，秋季赏叶的银杏、小叶白蜡、元宝枫交替出现，让中轴拥有极富魅力的季节节奏变化。例如，如图7.22所示踏雪寻梅，如图7.23所示曲水酒香。

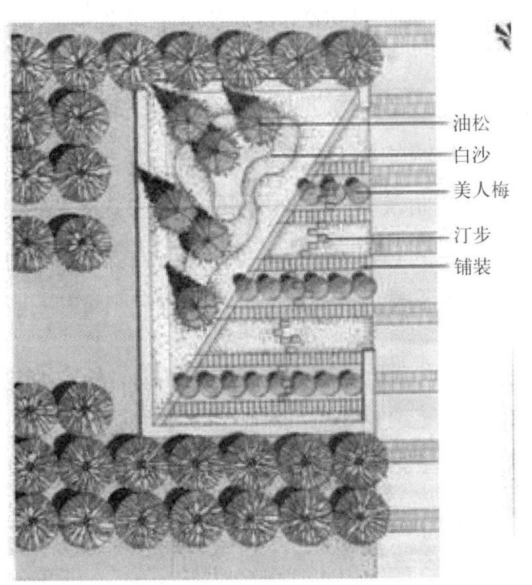


图7.22 踏雪寻梅

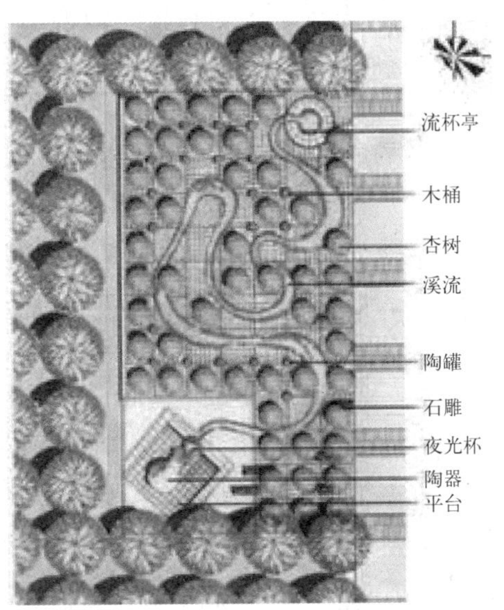


图7.23 曲水酒香

东岸临水花园：位于湖边东路与龙形水系之间，属于带状城市绿地，奥运赛时期间人流量相对较少，这一条带状绿地肩负着三重功能：奥林匹克公园中心区东侧边界背景、龙形水系向东眺望的对景、湖边东路的一部分道路景观。在宽度有限的空间内，需要植物搭配得更为紧凑，每种植物各司其职。我们以高大的乔木和常绿的针叶树构架起连续起伏的林冠线，成为边界背景，也将带状绿地东西分为两部分。靠近水边的西侧，大量种植观花观叶效果好的灌木，林下密，水边疏，开合有致，形成优美的水岸线作为对岸观赏的焦点。靠近路边的东侧，依空间大小点植栾树、槐树，沿路种植小叶黄杨篱、紫薇，保证沿街景观的整齐性。

## 7.3.5 案例五上海世博会后滩公园

上海世博会后滩公园为 2010 年上海世博公园的核心绿地景观之一，位于世博园区的西南角，北临黄浦江，南至浦明路，西起打浦路隧道，东至世博园区东部水门，规划用地面积约29hm$^2$。场地原为钢铁厂(浦东钢铁集团)和后滩船舶修理厂所在地，2007年初开始，由俞孔坚领衔的“土人设计”团队设计，2009年10月建成并于 2010年5月正式开放。该设计注重自然生态景观的恢复和塑造，充分考虑会间高容量集散停留空间和会后城市休闲公园绿地双重功能的相互冲突，建立集生态、展示、游览等功能于一体的园林景观体系，形成可持续发展的公园绿地生态系统。在植物造景中也独具一格，在整体骨架设计中，设计者以滩的形式及扇骨形状均匀分布于基地的乔木林为主体结构，以人工的植栽方式，巧妙的创造了上海世博会南园规划景区——公园——黄浦江心——北园规划景区的序列性景观如图7.24所示，由南到北自然过渡，起到系统与外环境骨架衔接的作用。设计构思中，由防洪堤和交通网络引发创作灵感，进一步联想到山水自然线条的构图形式，最终确立中国扇的上层植物结构形式配以流畅的地被网络(图7.25)，形成一轮黄埔江边亮丽的植物虹。横向上强调布局的弧线分区与直线守边相结合，竖向上通过对风向、遮荫及视线等因素的综合考虑，穿插形成整齐的南北向条状林地。抬升的扇形基地比拟为折扇的扇面，按风向走势而特意设置的乔木引风林比拟为扇骨，这样整个滩的景观构成了一幅生动而赋有韵味的中国水墨山水画。

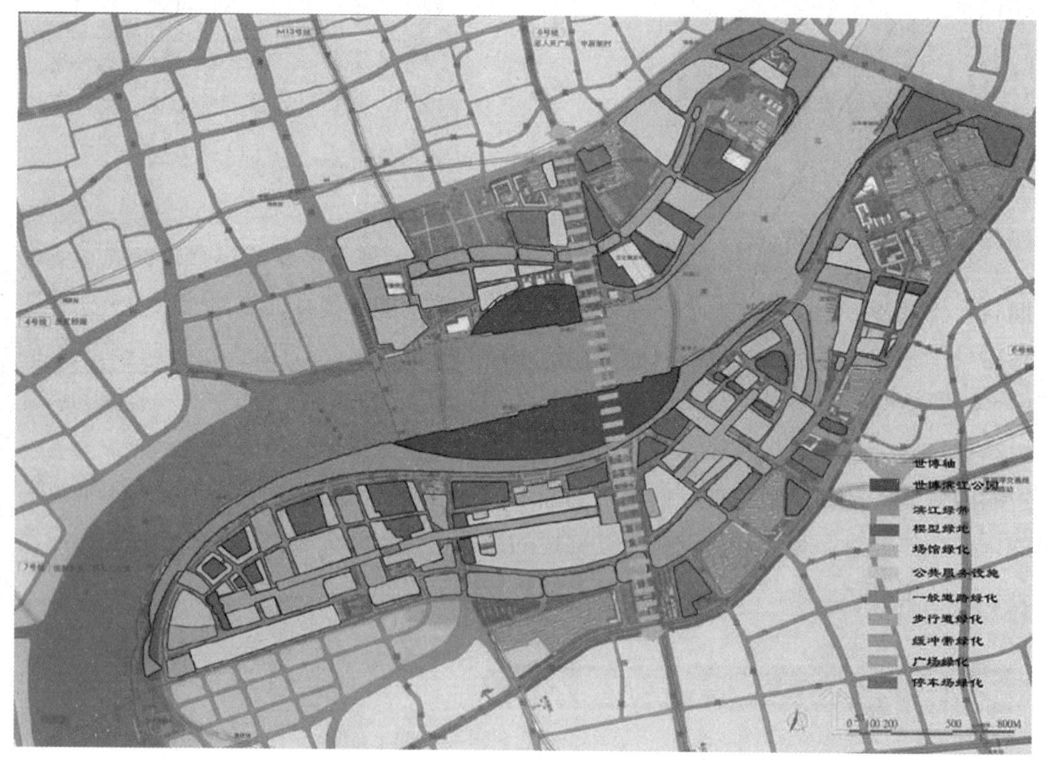


图7.24　上海世博会植物景观系统

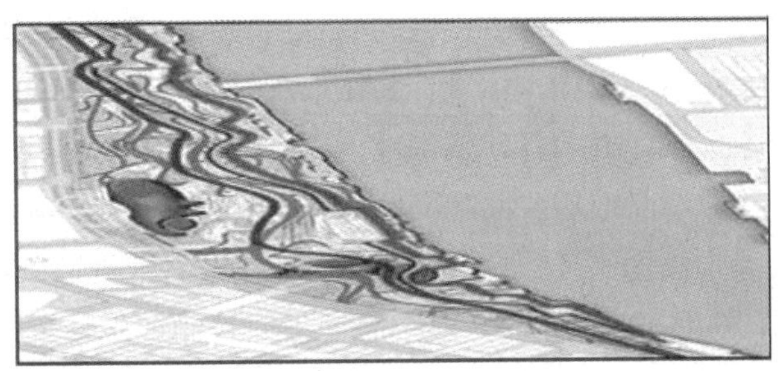

防洪堤与交通网络 +

山与水地形骨架 +

树与林扇形骨架 +

地被展示网络 +

世博公园总体图

图7.25 景观设计构思

在植物群落总体设计中，考虑到世博会间高容量的人群密度，注重下层花灌木及地被植物的合理配置，削减中层灌木体量，强化上层混交乔木林的态势，以增加乔木覆盖遮荫率。在市中心区多建乔木林，艺术地再现地带性植物群落特征的城市绿地，可以减缓热岛效应，增强绿岛效应。同时大树地坪的配置模式可以提高公园有限土地的利用率，世博会后为市民提供开阔的活动场所。在植建乔木林时，合理配置，以乡土树种为主，适当引进植物新品种，突出上海城市绿地的地域特色。从而构成乔、灌、竹、草、藤的复合群体，提高群落空间的稳定性。

上海世博公园绿地植物群落又是空间艺术形式的表现，它利用简洁明快的乔木列阵和曲折变化的灌木色带，结合地形的高低起伏，形成一条条丰富而有韵律的林冠、林缘曲线，划分出变换多样的空间模式，起到了美化和协调周边环境的创造作用，产生虚实结合的意境效果。同时在大量草坪形成的绿色基调上勾勒出丰富多彩的色块，不仅视觉上自然活泼，高低起伏的植物又造成含蓄莫测的景观幻觉，扩大了园林空间感。

合理的植物群落结构是绿地稳定、高效和健康发展的基础，在有限的城市绿地中建立尽可能多的植物群落，是改善城市环境，发展生态园林的必由之路。上海世博公园绿地规划设计通过丰富的植物物种和群落结构的多样性，将园区建成一个植物种源库，为其他生物提供良好的栖息环境，从而形成良好的生态系统。归纳世博公园绿地的人工生态群落类型，主要分为观赏型、保健型、科普知识型、文化艺术型、环保型、生产型等，具体分析见表7-2。

表7-2　上海世博会后滩公园绿地典型群落分类

| 主要景区 | 物种选择 | 代表性植物群落 | 群落类型 |
|---|---|---|---|
| 湿地水岸景区 | 垂柳、池杉、水杉、水松、乌桕、枫杨、迎春、木芙蓉、碧桃等 | 垂柳+池杉+水杉—木芙蓉+碧桃—鸢尾+菖蒲+芦苇<br>枫扬—碧桃—八角金盘—鸢尾 | 观赏型 |
| 人工林地景区 | 水杉、樟、湿地松、雪松、樱花、桃花、紫薇、桂花、枫香、梅花、山茶 | 桂花+木槿等 | 观赏型+保健型+环保型 |
| 人工展示园 | 茶、石榴、枇杷、杨梅、结香、月季、芭蕉、罗汉松、茶梅、火棘、白玉兰、乐昌含笑、蜡梅 | 梅园、桂花园、槭树园、牡丹园、杜鹃园 | 观赏型+生产型+科普知识型 |
| 疏林草地 | 紫薇、紫荆、紫玉兰、红叶李、海桐、石楠、鸡爪槭、垂丝海棠、贴梗海棠、含笑、栀子花、火棘、八角金盘、月季、杜鹃、丁香、红瑞木、蜡梅、棣棠、凌霄、紫藤、铺地柏、地锦、麦冬、萱草、石蒜、沿阶草 | 紫薇+鸡爪槭—八角金盘<br>垂丝海棠+蜡梅—杜鹃+沿阶草 | 文化艺术型+保健型 |

世博会在植物配置中最具有特色的是以下两个方面。

(1) 利用现有场地，建立水净化系统，如图7.25所示。设计者顺应原有地形向黄浦江一面倾斜的特点，将场地分为原生湿地保护区、滨江芦荻景观区、内河净化景观区和梯地及田带。内河净化湿地经过过滤、沉淀，生物降解，土壤和植物及微生物的净化等12道工序，在缓慢地流经过程中，将黄浦江劣Ⅴ类水净化至Ⅲ类净水。后滩公园每天能净化 2400t的水，不仅可以满足自身的用水需求，还能为世博会场提供景观、浇灌和冲洗用水。

图7.26　内河湿地净化过程

首先将黄浦江水过滤，去除漂浮物，到达水池沉淀，去掉泥沙，通过100多m长的落水墙进入梯田生态净化区，利用梯田高差，通过土壤和生物净化水体，另外，梯田还能收集雨水进入下一步的净化。然后经过土壤生态净化之后，水系依次经过重金属、病原体、营养物净化区，每个净化区根据自身不同的净化目的配置水生植物(见表7-3)，随后进入植物综合净化区，通过自然增氧和生物净化对水系进行系统净化。水质稳定调节区发挥湿地沉降与过滤作用，同时将湿地净化功能与生态环境相融合，展现其生态景观性。最后通过砾石净化，滤去各种湿地生物材料，输出净水到清水蓄水池。

表7-3　不同净化区的植物配置

| 净化区 | 种植植物 | 主要植物种类 |
|---|---|---|
| 重金属净化区 | 沉水植物为主，漂浮植物为辅 | 聚草、伊乐藻、金鱼藻、轮叶黑藻、水鳖等 |
| 病原体净化区 | 挺水植物为主 | 香蒲、水芹菜、千屈菜、花叶芦竹等 |
| 营养物净化区 | 生根植物、浮水植物 | 水鳖、眼子菜、伊乐藻、菖蒲等 |
| 植物综合净化区 | 挺水、漂浮、沉水植物混合种植 | 水葱、睡莲、石菖蒲、黄菖蒲、菹草等 |

(2) 大量的乡土植物的种植，让后滩的味道野性十足。后滩公园种植有油菜、向日葵、玉米、水稻、茭白、慈姑等城市里难得一见的农作物和芦苇、芒草、蒲苇等观赏草。例如：湿地里种植有镳草、芦苇、河柳、构树、女贞等滨水植物，如图7.26所示湿地生态中的芦苇，呈现出一派自然风光；梯地禾田除种满以“五谷”为主题的植

物外，如图7.27所示梯地禾田的向日葵和油菜花，还在各级田块之中布置有五个分别以小麦、荞麦、向日葵、玉米和水稻为主题的休憩平台，集中展示每一种植物的生产播种等信息。

图7.27　湿生地带的芦苇

(a)

(b)

图7.28　梯地禾田的向日葵与油菜花

## 本章小结

本章对园林植物的造景原则、应用方式等作了较详细的阐述。

主要内容包括：园林植物造景的生态性、功能性、美学性和经济性原则；园林植物的造景方式：孤植、对植、从植、群植、列植、林植、篱植；对不同的植物造景案例进行剖析。

本章的教学目标是使学生掌握园林植物应用的原则，能根据不同的环境选择进行植物的综合应用。

## 习　题

### 1. 填空题

(1) 武汉常见的乡土树种有_______、_______、_______、_______和_______。

(2) 夏秋季开花植物有_______、_______、_______和_______。

(3) 不同的植物有不同的含义，如________是指刚强高洁，________是指坚挺孤高。

(4) 常见对植的树种有_______、_______、_______、_______和_______。

### 2. 简答题

(1) 园林植物的造景方式包括哪些?

(2) 园林树木的造景原则是什么?

### 3. 绘制题

绘制出街道绿地、公园、小区入口处的植物配置模式。

### 4. 案例题

请分析如图7.28中住宅区绿化植物造景。

(1) 造景中的季相与色相变化。

(2) 造景中植物种类的生态性和功能性。

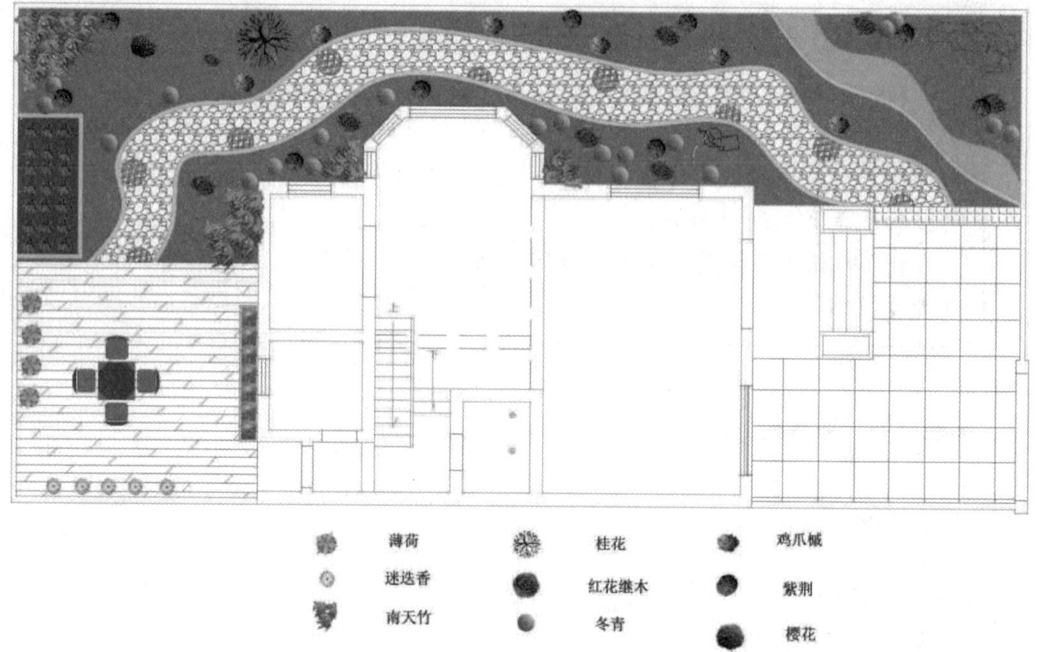


图7.28　题4图

5. 实训题

对校园教学楼附属绿地进行植物配置。

# 参考文献


[1] 张天麟．园林树木1600种[M]．北京：中国建筑工业出版社，2010．

[2] 卓丽环．园林树木学[M]．北京：中国农业出版社，2003．

[3] 陈有民．园林树木学[M]．北京：中国林业出版社，1990．

[4] 苏雪痕．植物造景[M]．北京：中国林业出版社，1994．

[5] 中国农业百科全书编辑委员会．中国农业百科全书（观赏园艺卷）[M]．北京：中国农业出版社，1996．

[6] 中国科学院中国植物志编辑委员会．中国植物志[M]．北京：科学出版社，1988．

[7] 邓莉兰．风景园林树木[M]．北京：中国林业出版社，2010．

[8] 熊济华．藤蔓花卉[M]．北京：中国林业出版社，2000．

[9] 臧德奎．攀援植物造景应用[M]．北京：中国林业出版社，2002．

[10] A J Jack，D E Evans．Plant Biology(影印版)[M]．北京：科学出版社，2002．

[11] 刘建秀．草坪・地被植物・观赏草[M]．南京：东南大学出版社，2001．

[12] 王立新．园林植物应用技术[M]．北京：中国劳动保障出版社，2009．

[13] 李文敏．园林植物与应用[M]．北京：中国建筑工业出版社，2006．

[14] 聂影．景观园林植物与应用[M]．北京：中国水利水电出版社，2011．

[15] 卢圣．图解园林植物造景与实例[M]．北京：化学工业出版社，2011．

[16] 张爱华．江滩地区城市骨干树种选择与应用[M]．合肥：合肥工业大学出版社，2010．

[17] 武汉市园林局．武汉市城市园林绿化普查资料汇编．武汉，2008．

[18] 周维琼，张建林．藤本植物与山地城市的立体绿化[J]．山西建筑，2007，33（11）：11-12．

[19] 张艳．藤本植物在园林绿化中的应用[J]．安徽技术师范学院学报，2004，18（5）：48-49．

[20] 翁磊．藤本植物在城市垂直绿化中的应用分析[J]．上海农业学报，2007，23（2）：123-125．

[21] 朱红霞，王铖．垂直绿化—拓宽城市绿化空间的有效途径[J]．中国园林，

2004，20（3）：28-31.

[22] 张凤娥，高东菊，宋贺．藤本植物在山石绿化中的应用[J]．城市建设理论研究（电子版），2011，20.

[23] 施建敏，陈兵元，许仕．关于花园城市优新园林植物材料的选用与配置—藤本植物在城市立体绿化中的应用[J]．江西农业大学学报；社会科学版，2005，4（4）：163-166.

[24] 郭云文，苏德荣，花伟军等．木本藤本植物在城市绿化中的应用现状及发展趋势[J]．北方园艺，2007，8：146-148.

[25] 程金祥．浅谈藤本植物在园林中的运用[J]．科技风，2010，6：35.

[26] 王纯玉．浅议藤本植物在城市园林绿化中的作用[J]．商品与质量：建筑与发展，2011，8：6.

[27] 刘真华，曹灿景．山东省藤本植物资源与城市绿化应用[J]．北方园艺，2007，9：184-186.

[28] 武术杰，赵珺．适合北方城市垂直绿化的藤本植物品种特性与应用[J]．东北林业大学学报，2007，35（12）：15-16.

[29] 张叶新．藤本植物对城市景观的构建分析[J]．现代园艺，2011，7：94.

[30] 郭动，章银柯，陈兵．攀援植物种质资源研究现状及其应用前景[J]．北方园艺，2007，1：137-138.

[31] 夏江宝，许景伟，赵艳云．我国藤本植物的研究进展[J]．浙江林业科技，2008，28（3）：69-74.

[32] 中国花卉报[N]，2002，12-26.

[33] 江潇潇．基于低碳理念的城市公元规划设计研究[D]．临安：浙江农林大学，2011，6.

[34] 北京园林学会．2008北京奥运园林绿化的理论与实践[M]．北京：中国林业出版社，2008.

[35] 李少宁．北京市城市森林生态服务功能研究[J]．灌溉排水学报，2011.

[36] 周道瑛．园林种植设计[M]．北京：中国林业出版社，2008.

[37] 国家林业局．中国花卉园艺 [J]．2011，13：22.

[38] http：//www. cqsxzy. net/jpkc/ylsm/

[39] http：//www. docin. com/

[40] http：//www. nipic. com/show/1/44/4708993kc2144799. html

[41] http：//bbs. yule. sohu. com/20110408/n280177213. shtml

[42] http：//blog. 163. com/lie_feng32/blog/static/600626201021112046970/

[43] http：//www. plant. csdb. cn/details?guid=photo：cfh@ee946fa9-ee83-4c72-

b7bd-225904af2b39

[44] http：//www. lvping. cc/info. asp?id=287

[45] http：//wenku. baidu. com/view/e618f6c9a1c7aa00b52acb6b. html

[46] http：//www. nipic. com/show/1/65/4510fca854f576d3. html

[47] http：//photo. zhulong. com/proj/photo_view. asp?id=1026&s=5

[48] http：//galerie. vrany. info/picture. php?/17/category/flora